国网北京市电力公司

生产辅助房屋能源资源管理

国网北京市电力公司　组编

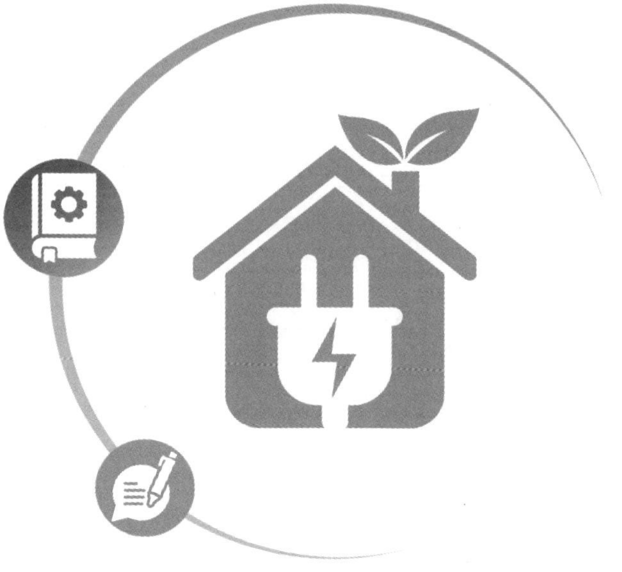

中国电力出版社
CHINA ELECTRIC POWER PRESS

内 容 提 要

本书针对电力企业生产辅助房屋能源资源消耗量无法有效计量、计量不准确、计量技术水平差异较大等问题，从生产辅助房屋能源资源计量技术要求解析入手，通过不同分项系统分析生产辅助房屋节能降碳典型设计，以及对生产辅助房屋达标方案的剖析，以提升电力企业生产辅助房屋降碳节能能力，提高能源利用水平。

本书共分三章，包括生产辅助房屋能源资源分项计量技术要求、生产辅助房屋节能降碳典型设计及生产辅助房屋能耗达标方案。

本书可为电力企业生产辅助房屋的技改大修立项审批提供节能减碳设计参考、依据，以及可借鉴的典型经验。

图书在版编目（CIP）数据

国网北京市电力公司生产辅助房屋能源资源管理 /国网北京市电力公司组编. —北京：中国电力出版社，2023.12

ISBN 978-7-5198-8692-9

Ⅰ. ①国… Ⅱ. ①国… Ⅲ. ①电力工程－应用－房屋建筑设备－电源－能源管理 Ⅳ. ①TM7 ②TU851

中国国家版本馆 CIP 数据核字（2024）第 034607 号

出版发行：中国电力出版社
地　　址：北京市东城区北京站西街 19 号（邮政编码 100005）
网　　址：http://www.cepp.sgcc.com.cn
责任编辑：杨　扬（010-63412524）
责任校对：黄　蓓　朱丽芳
装帧设计：赵珊珊
责任印制：杨晓东

印　　刷：北京雁林吉兆印刷有限公司
版　　次：2023 年 12 月第一版
印　　次：2023 年 12 月北京第一次印刷
开　　本：710 毫米×1000 毫米　16 开本
印　　张：10.5
字　　数：171 千字
定　　价：60.00 元

编 委 会

主　　编　邢其敬

副 主 编　苏　喆　张子建

参　　编　李国强　段大鹏　刘俊宇　梁　煜
王雪华　李建成　付　晖　陈　奇
李晨曦　杨海霞　韩　旭　程炜超
胡元博　孙海洋　冯　义　田贺平
郭韶杰

前　言

为贯彻《国务院关于加快建立健全绿色低碳循环发展经济体系的指导意见》（国发〔2021〕4号）文件精神，落实《国家电网有限公司关于印发“碳达峰、碳中和”行动方案的通知》（国家电网发展〔2021〕138号）和《国家电网有限公司关于绿色智能建筑建设的指导意见》（国家电网后勤〔2021〕198号）中“自2021年起，新建生产运营用房能耗水平达到《中央和国家机关能源资源消耗定额》（JGSW012021）（简称《定额》）基准值，已建生产运营用房能耗水平2030年前达到《定额》基准值”的要求，从国网北京市电力公司（简称北京公司）生产辅助房屋实际情况出发，为解决生产辅助房屋能源资源消耗量无法有效计量、计量不准确、计量技术水平差异较大的问题，特编写本书，可为北京公司生产辅助房屋的技改大修立项审批提供节能减碳设计参考和依据。

本书分为三章，分别为技术要求解析、典型设计介绍、达标方案讲解。其中第1章生产辅助房屋能源资源分项计量技术要求，针对北京公司生产辅助房屋进行能耗分析，从能源资源的分类、分项、监测范围以及监测系统工程的设计、施工、检测、验收和运行维护全过程提出了技术要求，达到规范北京公司生产辅助房屋能源资源分项计量建设的目标。第2章生产辅助房屋节能降碳典型设计，节能低碳典型设计从九大分系统出发，分别给出不同分系统技术设计要求，达到规范北京公司生产辅助房屋节能减碳设计的目标。第3章生产辅助房屋能耗达标方案，针对北京公司某综合楼建筑情况、设备情况和能源使用情况等方面进行详细调查，分析能耗不达标原因，依据能耗调查结果和能耗分析结果，从全局系统优化、智慧运维解决、综合能耗管理及定额指标保障4个维度针对性地提出阶段性能耗定额达标方案，改善北京公司综合楼用能现状，提高运维管理水平，提升后勤管理效率。

本书从生产辅助房屋能源资源计量技术要求解析入手，通过不同分项系统分析生产辅助房屋节能降碳典型设计，并对生产辅助房屋达标方案进行剖析，可进一步提升生产辅助房屋降碳节能能力，提高能源利用水平，推动生产辅助房屋绿色低碳持续发展，在顺应国网低碳发展方向前提下，作出北京公司绿色能源低碳示范，为其他电力企业提供可借鉴的典型经验。

目　录

前言
名词术语
第1章　生产辅助房屋能源资源分项计量技术要求…………1
1.1　能源资源分项计量目标要求…………1
1.1.1　基本规定…………1
1.1.2　公共建筑能源资源分项计量要求…………2
1.1.3　《定额》对能源资源分项计量要求…………2
1.1.4　北京公司生产辅助房屋日常运营能源资源分项计量要求…………3
1.2　能源资源分项技术要求…………3
1.2.1　房屋信息档案…………4
1.2.2　能源资源拆分计量要求…………12
1.3　系统设计技术要求…………24
1.3.1　一般规定…………24
1.3.2　能源资源计量装置选型…………25
1.3.3　系统管理软件技术要求…………27
1.3.4　数据质量功能要求…………28
1.3.5　数据分析预警要求…………29
1.3.6　数据限额对标要求…………29
1.4　调试技术要求…………30
1.4.1　一般规定…………30
1.4.2　计量表计安装…………30
1.4.3　系统调试…………32
1.5　数据运用管理技术要求…………34
1.5.1　数据管理监测…………34

1.5.2 数据能效分析 …… 34
1.5.3 数据能耗排名 …… 34
1.5.4 能耗设备管理 …… 35
1.5.5 能耗系统管理 …… 35
1.5.6 节能收益预测 …… 35
1.5.7 能源资源管理平台建设要求 …… 35
第 2 章 生产辅助房屋节能降碳典型设计 …… 37
2.1 结构分系统 …… 37
2.1.1 结构分系统定义 …… 38
2.1.2 结构分系统典型设计方案编制依据 …… 38
2.1.3 结构分系统典型设计 …… 40
2.2 围护（含室外）分系统 …… 43
2.2.1 围护（含室外）分系统定义 …… 43
2.2.2 围护（含室外）分系统典型设计方案编制依据 …… 43
2.2.3 围护（含室外）分系统典型设计 …… 44
2.3 装饰装修分系统 …… 52
2.3.1 装饰装修分系统定义 …… 52
2.3.2 装饰装修分系统典型设计方案编制依据 …… 53
2.3.3 装饰装修分系统典型设计 …… 54
2.4 给水排水分系统 …… 62
2.4.1 给水排水分系统定义 …… 63
2.4.2 给水排水分系统典型设计方案编制依据 …… 63
2.4.3 给水排水分系统典型设计 …… 64
2.5 供热采暖分系统 …… 69
2.5.1 供热采暖分系统定义 …… 70
2.5.2 供热采暖分系统典型设计方案编制依据 …… 70
2.5.3 供热采暖分系统典型设计 …… 71
2.6 空调通风分系统 …… 74
2.6.1 空调通风分系统定义 …… 74
2.6.2 空调通风分系统典型设计方案编制依据 …… 74

2.6.3 空调通风分系统典型设计 …… 75
2.7 电气分系统 …… 79
2.7.1 电气分系统定义 …… 80
2.7.2 电气分系统典型设计方案编制依据 …… 80
2.7.3 电气分系统典型设计 …… 81
2.8 电梯分系统 …… 84
2.8.1 电梯分系统定义 …… 84
2.8.2 电梯分系统典型设计方案编制依据 …… 85
2.8.3 电梯分系统典型设计 …… 85
2.9 建筑智能化（含消防）分系统 …… 88
2.9.1 建筑智能化（含消防）分系统定义 …… 88
2.9.2 建筑智能化（含消防）分系统典型设计方案编制依据 …… 88
2.9.3 建筑智能化（含消防）分系统典型设计 …… 89
第3章 生产辅助房屋能耗达标方案 …… 103
3.1 项目情况综述 …… 103
3.1.1 建筑基本信息 …… 103
3.1.2 围护结构情况 …… 104
3.1.3 室内环境情况 …… 105
3.1.4 用能系统概况 …… 105
3.1.5 建筑使用情况 …… 107
3.2 能耗情况综述 …… 108
3.2.1 能源使用量 …… 108
3.2.2 综合能耗指标分析 …… 110
3.2.3 能耗定额指标计算方法 …… 111
3.2.4 能耗定额指标计算 …… 117
3.2.5 能耗定额指标评价 …… 121
3.3 能耗现状分析 …… 122
3.3.1 设备设施现状 …… 122
3.3.2 环境效果分析 …… 123
3.3.3 设备性能分析 …… 124

3.3.4 设备运维分析 …… 124
3.3.5 日常管理分析 …… 125
3.4 能耗定额达标方案 …… 125
3.4.1 建筑分系统技改优化方案 …… 126
3.4.2 物业运行维护技术要求 …… 133
3.4.3 物业能耗管理方案 …… 136
3.4.4 定额指标保障方案 …… 138
3.5 经济性分析 …… 139
3.6 项目预期效果 …… 141
3.6.1 降低运行成本 …… 141
3.6.2 定额能耗指标达标 …… 144
3.6.3 提升后勤管理水平 …… 145
3.6.4 落实国家双碳政策 …… 145
3.7 项目实施安排 …… 146
3.8 结语 …… 146
附录 A 既有建筑能耗拆分技术方法 …… 148
附录 B 分项用电计量表计设置的加法和减法原则 …… 150
附录 C 生产辅助房屋及能源资源消耗统计表 …… 151
附录 D 生产辅助房屋《定额》达标对比 …… 153

名 词 术 语

1 分类能耗 ⋙ 根据北京公司生产辅助房屋消耗的主要能源资源种类划分进行采集和整理的能源资源数据，如电、燃气、水等。

2 分项能耗 ⋙ 根据北京公司生产辅助房屋消耗的各类能源的主要用途划分进行采集和整理的能源资源数据，如空调用电、照明插座用电、动力用电、特殊用电等。

3 能耗拆分 ⋙ 将直接计量得到的回路用电量，分摊到每类设备的一种间接计量的方法。

4 直接计量 ⋙ 通过一个仪表测量值或多个仪表测量值加减得到能源资源消耗数据的计量方法。

5 间接计量 ⋙ 根据运行规律，利用能源资源拆分方法等非仪表测量方式计算得到能源资源数据的方法。

6 数据采集器 ⋙ 在一个区域内进行电能或其他能源资源信息采集的设备。数据采集器通过信道对其管辖的各类表计的信息进行采集、处理和存储，并通过远程信道与数据中心交换数据。

7 数据中心 ⋙ 数据中心采集并存储其管理区域内监测建筑的能源资源数据，并对本区域内的能源资源数据进行处理、分析、展示和发布。

8 无线传感网 ⋙ 随机分布的集成有传感器、数据处理单元和通信单元的微小节点，通过自组织的方式构成的无线网络。

第 1 章

生产辅助房屋能源资源分项计量技术要求

本章规定了新建或既有北京公司生产辅助房屋用能单位能源资源在线监测的原则、监测范围与内容、基本结构与组成、技术要求。

本章适用于新建或既有北京公司生产辅助房屋开展能源资源和碳排放在线监测、在线统计、动态监测和分析工作。

新建、改建和扩建北京公司生产辅助房屋在施工图设计时应同步设计能源资源分项计量系统，既有北京公司生产辅助房屋在进行节能改造时须新增能源资源分项计量系统。

在进行能源资源分项计量设计时，除应符合本章规定外，尚应符合国家和地方现行有关标准的规定。

1.1 能源资源分项计量目标要求

本节主要针对北京公司生产辅助房屋能源资源分项计量标准的使用范围和目标进行介绍，明确各单位能源资源分项计量建成后应实现的计量要求目标，具体包括公共建筑能源资源分项计量要求目标、《中央和国家机关能源资源消耗定额》（JGSW012021）（简称《定额》）对能源资源分项计量要求目标、北京公司生产辅助房屋日常运行能源资源分项计量要求。

1.1.1 基本规定

能源资源分项计量设计原则：在进行策划能源计量测量设施时，应注意其科学性的原则；在进行配备测量点时，应注意其合理性的原则；在测量过程中，应注意准确性的原则；在抄表报数时，应注意数据的真实性的原则；在进行能源计量管理时，应注意管理的有效性的原则。

能源资源分项计量的设计除应符合本节规定外，尚应符合国家、行业和地方现行有关标准的规定。

1.1.2 公共建筑能源资源分项计量要求

一、公共建筑节能降碳要求

《关于加强国家机关办公建筑和大型公共建筑节能管理工作的实施意见》中要求：国家机关办公建筑和大型公共建筑应大力开展节能监管体系建设相关工作，工作内容主要包括对国家机关办公建筑和大型公共建筑的建筑面积、使用功能、结构形式、年度能耗总量等基本信息的调查统计，应按照国家机关办公建筑和大型公共建筑能耗统计、能源审计、能效公示管理办法和《建筑能耗数据采集标准》《国家机关办公建筑和大型公共建筑能源审计导则》等进行开展能源审计工作及用能标准与用能定额等能源管理工作。

二、公共建筑能源管理要求

根据国务院颁布的《公共机构节能条例》规定，公共机构应当实行能源消费计量制度，区分用能种类，用能系统，实行能源消费分户、分类、分项计量，并对能源消耗状况实行监测，及时发现、纠正用能浪费现象。

1.1.3 《定额》对能源资源分项计量要求

为了规定中央和国家机关能源资源消耗定额指标及等级、统计范围和计算方法，便于中央和国家机关单位建筑能源资源消耗的计算、目标管理和能源资源利用效率的评价，国家机关事务管理局颁布《定额》，北京公司生产辅助房屋属于中央和国家机关单位建筑，其能源资源分项计量要求应满足《定额》中指标监测范围要求。

一、能源资源消耗定额指标及等级

（1）中央和国家机关能源资源消耗定额指标为与建筑面积相关的能耗定额指标、与用能人数相关的能耗定额指标、水耗定额指标及数据中心机房能源使用效率，每类指标等级分为约束值、基准值及引导值 3 级。

（2）与建筑面积相关的能耗定额指标及等级值。

（3）与用能人数相关的能耗定额指标及等级值。

（4）水耗定额指标及等级值。

二、能源资源消耗统计指标计量要求

北京公司生产辅助房屋属于中央和国家机关单位建筑，其能源资源分项计量指标核算要求应满足《定额》中指标计量要求，包括八大指标，分别为：①单位供暖建筑面积供暖能耗；②单位建筑面积非供暖能耗；③单位建筑面积电耗；④人均综合能耗；⑤人均非供暖能耗；⑥人均电耗；⑦人均用水量；⑧数据中心机房能源使用效率。

1.1.4　北京公司生产辅助房屋日常运营能源资源分项计量要求

一、掌握北京公司生产辅助房屋能耗现状

通过房屋信息及其能源资源消耗分项计量，分析北京公司生产辅助房屋能耗现状，与《定额》基准值要求进行对比和分析。

二、制定能耗达标方案数据基准线

通过房屋信息及其能源资源消耗分项计量，结合北京公司生产辅助房屋能耗现状，综合考虑资金投入的平衡性、协调性，制定以达到《定额》基准值要求为目标制定数据基准线，各单位实施能耗定额指标管理实施方案。

三、通过制定绩效指标推动实施方案落地

在北京公司生产辅助房屋日常运行能耗资源分项计量流程中的设计、实施、应用等各环节中，按照《定额》要求计划制定绩效指标进行 KPI 比较考核，深入明确计量内容，切实保障各单位计量实施方案落地。

四、降低北京公司生产辅助房屋能耗水平

考虑北京公司生产辅助房屋使用功能、特性等方面的差异性，制定北京公司生产辅助房屋能源资源管理体系，指导各供电公司和业务支撑机构了解本单位的能耗情况，落实能耗管理要求，降低北京公司生产辅助房屋能耗水平。

1.2　能源资源分项技术要求

本节主要针对北京公司生产辅助房屋进行能源资源分项计量时采用的能耗分项采用的技术要求进行规定，具体内容包括能源资源分项计量的范围、设计遵循原则、基础信息收集、能源资源数据拆分和组合方式等技术要求进行指导。总体要求如下。

（1）北京公司生产辅助房屋新建项目应安装能源资源分项计量系统及数据采

集传输装置。

（2）能源资源监测系统的基础数据包括两部分：①建筑基本情况和用能信息；②建筑能源资源监测数据。

（3）能源资源监测系统的设置，一方面要满足中央和国家机关能源资源消耗定额指标数据采集的要求，另一方面要能为建筑物在运行过程中实现行为节能和控制节能提供基础数据。

（4）能源资源分项计量系统设计应遵循下列原则。

1）能源资源分项计量系统的设计方案应进行技术、经济的分析比较，保证系统的合理性和经济性。

2）能源资源分项计量装置的设置不应影响供电部门的计量系统和继电保护系统。

3）用电分项计量系统的设计宜与配电系统中的其他用电量监测、监控系统统筹设计。

4）能源资源分项计量系统的设计应与建筑新建和改建时设计同步进行。

（5）能源资源计量装置应选用具有远传功能的产品，便于设置管理后台，并使之与BA系统相协调。

（6）能源资源分项计量系统使用的设备、材料及配件应符合国家及地方相关标准的要求。

1.2.1　房屋信息档案

新建和既有北京公司生产辅助房屋用能信息应纳入北京公司生产辅助房屋后勤能耗管理方案库，北京公司生产辅助房屋信息应包括建筑一般信息、建筑围护结构信息、建筑能源信息及建筑其他信息。

一、建筑一般信息

建筑一般信息包括建筑名称、建筑地址、建筑竣工日期、建筑层数、建筑类型、建筑总面积、空调面积、采暖面积、建筑空调系统形式、建筑采暖系统形式、建筑结构形式、建筑类型、所属区域、用能人数等。

二、建筑围护结构信息

建筑围护结构信息包括外墙形式、外墙保温形式、外窗类型、建筑玻璃类型、窗框材料类型、屋面传热系数、外墙（包括非透明幕墙）传热系数、底面接触室外空气的架空或外挑楼板传热系数、外窗（包括透明幕墙）传热系数、单一朝向外窗（包括透明幕墙）传热系数及相应的遮阳系数朝向和窗墙比、屋顶透明部分传热系数等。

三、建筑能源信息

建筑能源信息应参考《定额》要求指标进行计算，建立资源目标管理和能源资源利用效率的评价方式。《定额》要求的八大指标如图 1-1 所示。

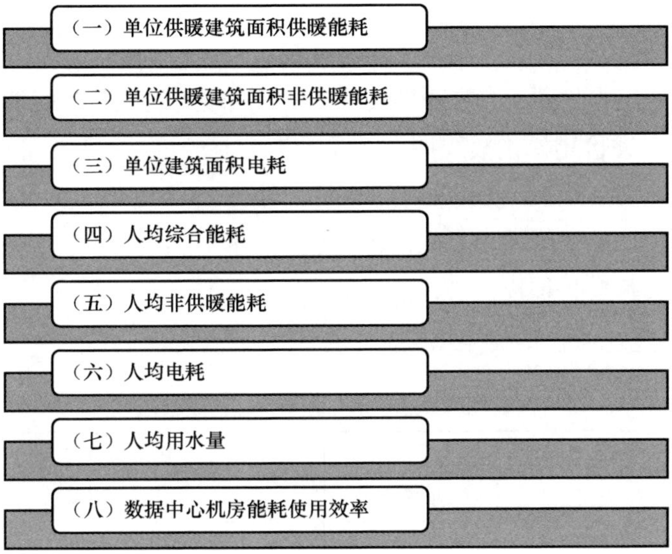

图 1-1　《定额》要求的八大指标

（一）单位供暖建筑面积供暖能耗

单位供暖建筑面积供暖能耗是指一个供暖周期内，用于供暖消耗的能源实物量（天然气用量或供暖热 GJ 用量）折算为标准煤的总和与供暖建筑面积的比值。

供暖根据所消耗的能源不同，可分为燃气自供暖和集中供暖（按热计量收费）。根据房屋供暖热源形式的不同，选择燃气自供暖或集中供暖（按热计量收费）的计算方法和评价指标。如同一房屋同时存在燃气自供暖或集中供暖（按热计量收费），两种供暖形式应分别进行计算和评价。如果集中供暖收费方式为按照面积收费的，其供暖能耗不做等级评价。

燃气自供暖的单位供暖建筑面积供暖能耗的计算公式为

$$e_{\mathrm{rqgn}}=\frac{E_{\mathrm{rqgn}}\times 1.330}{A_{\mathrm{gn}}} \tag{1-1}$$

式中　e_{rqgn}——燃气自供暖单位供暖建筑面积供暖能耗，kgce/m²；

E_{rqgn}——评价年份供暖周期内（评价年份前一年 11 月 15 日至评价年份 3 月 15 日）用于供暖所消耗的燃气用量，m^3；

A_{gn}——与供暖能耗相对应的供暖建筑面积，m^2；

1.330——天然气折标准煤系数，kgce/ m^2。

集中供暖（按热计量收费）的单位供暖建筑面积供暖能耗的计算公式为

$$e_{jzgn} = \frac{E_{jzgn} \times 34.16}{A_{gn}} \quad (1\text{-}2)$$

式中 e_{jzgn}——集中供暖（按热计量收费）单位供暖建筑面积供暖能耗，kgce/ m^2；

E_{jzgn}——评价年份供暖周期内（评价年份前一年 11 月 15 日至评价年份 3 月 15 日）供暖热计量用量，GJ；

A_{gn}——与供暖能耗相对应的供暖建筑面积，m^2；

34.16——热量折标煤系数，kgce/GJ。

单位供暖建筑面积供暖能耗定额指标及等级值见表 1-1。

表 1-1　单位供暖建筑面积供暖能耗定额指标及等级值　（单位：kgce/ m^2）

燃气自供暖			集中供暖（按热计量收费）		
约束值	基准值	引导值	约束值	基准值	引导值
23.90	14.50	10.90	17.5	10.60	8.90

（二）单位建筑面积非供暖能耗

单位建筑面积非供暖能耗是指一个自然年内消耗的各种能源（不包括供暖能耗、交通工具用能及数据中心用电）折算为标准煤的总和与建筑面积的比值。

单位建筑面积非供暖能耗指标的计算，燃气自供暖选择式（1-3），集中供暖（按热计量收费）选择式（1-4），即

$$e_{fgn} = \frac{E - E_{rqgn} \times 1.330 - E_{jt} \times 0.1229 - E_{sj} \times 0.1229}{A - A_{sj}} \quad (1\text{-}3)$$

式中 e_{fgn}——单位建筑面积非供暖能耗，kgce/ m^2；

E——评价年份自然年（1 月 1 日至 12 月 31 日）的综合能耗，kgce；

E_{rqgn}——评价年份供暖周期内（评价年份前一年 11 月 15 日至评价年份 3 月 15 日）用于供暖所消耗的燃气用量，m^3；

E_{jt}——评价年份自然年（1 月 1 日至 12 月 31 日）的交通工具用电量，kW•h；

E_{sj}——评价年份自然年（1 月 1 日至 12 月 31 日）数据中心机房用电量，kW•h；

A——能源统计量统计范围一致的建筑面积，m²；

0.1229——电力折标准煤系数，kgce/（kW•h）。

$$e_{\mathrm{fgn}}=\frac{E-E_{\mathrm{jzgn}}\times 34.16-E_{\mathrm{jt}}\times 0.1229-E_{\mathrm{jf}}\times 0.1229}{A-A_{\mathrm{jf}}}\tag{1-4}$$

式中　e_{fgn}——单位建筑面积非供暖能耗，kgce/ m²；

E——评价年份自然年（1 月 1 日至 12 月 31 日）的综合能耗，kgce；

E_{jzgn}——评价年份供暖周期内（评价年份前一年 11 月 15 日至评价年份 3 月 15 日）供暖热计量用量，GJ；

E_{jt}——评价年份自然年(1 月 1 日至 12 月 31 日)的交通工具用电量,kW•h；

E_{jf}——评价年份自然年（1 月 1 日至 12 月 31 日）数据中心机房用电量，kW•h；

A——能源统计量统计范围一致的建筑面积，m²；

A_{jf}——数据中心机房面积，m²。

其中综合能耗是指北京公司生产辅助房屋一个自然年内实际消耗的各种能源实物量按规定的计算方法折算后的总和，计算公式为

$$E=E_{\mathrm{d}}\times 0.1229+E_{\mathrm{rq}}\times 1.330+E_{\mathrm{ym}}\times 0.7143+E_{\mathrm{xjm}}\times 0.9+E_{\mathrm{qy}}\times 1.4714+E_{\mathrm{cy}}\times 1.4571+E_{\mathrm{yy}}\times 1.4286+E_{\mathrm{rs}}\times 34.16+E_{\mathrm{zq}}\times 34.16-E_{\mathrm{d.qc}}\times 0.1229-E_{\mathrm{d.zs}}\times 0.1229\tag{1-5}$$

式中　E——评价年份自然年（1 月 1 日至 12 月 31 日）的综合能耗，kgce；

E_{d}——评价年份自然年（1 月 1 日至 12 月 31 日）的房屋用电总量，kW•h；

E_{rq}——评价年份自然年（1 月 1 日至 12 月 31 日）的燃气消耗总量，m³；

E_{ym}——评价年份自然年（1 月 1 日至 12 月 31 日）的原煤消耗总量，kg；

E_{xjm}——评价年份自然年（1 月 1 日至 12 月 31 日）的洗精煤消耗总量，kg；

E_{qy}——评价年份自然年（1 月 1 日至 12 月 31 日）的汽油消耗总量，kg；

E_{cy}——评价年份自然年（1 月 1 日至 12 月 31 日）的柴油消耗总量，kg；

E_{yy}——评价年份自然年（1 月 1 日至 12 月 31 日）的原油消耗总量，kg；

E_{rs}——评价年份自然年（1 月 1 日至 12 月 31 日）的热水消耗总量，GJ；

E_{zq}——评价年份自然年（1 月 1 日至 12 月 31 日）的饱和蒸汽消耗总量，GJ；

$E_{\mathrm{d.qc}}$——评价年份自然年（1 月 1 日至 12 月 31 日）电量扣除项，kW•h；

$E_{\mathrm{d.zs}}$——评价年份自然年（1 月 1 日至 12 月 31 日）的利用太阳能、风能等

可再生能耗产生的电量，kW•h；

0.7143——原煤折标准煤系数，kgce/kg；

1.4714——汽油折标准煤系数，kgce/kg；

1.4571——柴油折标准煤系数，kgce/kg；

1.4286——原油折标准煤系数，kgce/kg。

电量扣除项应符合下面 5 种情况：①应市政相关部门要求，对外用于建筑外景观照明用电；②通过配电系统对外服务的电能；③维修、基建用电；④对外出租区域等用电；⑤集中设置的监控中心等特定功能区用能，商业设施、职业住宅、家属区等用电。

单位建筑面积非供暖能耗定额指标及等级值见表 1-2。

表 1-2　单位建筑面积非供暖能耗定额指标及等级值　（单位：kgce/ m^2）

约束值	基准值	引导值
12.87	9.78	7.28

（三）单位建筑面积电耗

单位建筑面积电耗是指一个自然年内，消耗的各种电量（除数据中心用电之外）与建筑面积的比值。

单位建筑面积电耗的计算公式为

$$e_{\mathrm{d}}=\frac{E_{\mathrm{d}}-E_{\mathrm{jf}}-E_{\mathrm{d.qc}}-E_{\mathrm{d.zs}}}{A-A_{\mathrm{jf}}} \tag{1-6}$$

式中　e_{d}——单位建筑面积电耗，kW•h/ m^2；

E_{d}——评价年份自然年（1 月 1 日至 12 月 31 日）总用电量，kW•h；

E_{jf}——评价年份自然年（1 月 1 日至 12 月 31 日）数据中心机房总电量，kW•h；

$E_{\mathrm{d.qc}}$——评价年份自然年（1 月 1 日至 12 月 31 日）电量扣除项，kW•h；

$E_{\mathrm{d.zs}}$——评价年份自然年（1 月 1 日至 12 月 31 日）的利用太阳能、风能等可再生能源产生的电量，kW•h；

A——总用电量统计范围一致的建筑面积，m^2；

A_{jf}——数据中心机房面积，m^2。

单位建筑面积电耗定额指标及等级值见表 1-3。

表 1-3　　**单位建筑面积电耗定额指标及等级值**　　（单位：kW•h/ m²）

约束值	基准值	引导值
73.35	58.75	45.41

（四）人均综合能耗

人均综合能耗是指一个自然年内，综合能耗与用能人数的比值。其中用能人数是指一个自然年内，北京公司生产辅助房屋的日平均用能人数。

根据供暖所消耗的能源不同，分为燃气自供暖和集中供暖（按热计量收费）。根据房屋供暖形式的不同，选择燃气自供暖或集中供暖（按热计量收费）的评价指标。如同一房屋同时存在燃气自供暖或集中供暖（按热计量收费），两种供暖形式应分别进行计算和评价。如果集中供暖收费方式为按照面积收费的，其供暖能耗不做等级评价。

人均综合能耗的计算公式为

$$e_{\mathrm{r}}=\frac{E}{P} \tag{1-7}$$

式中　e_{r}——人均综合能耗，kgce/p；

E——评价年份自然年（1 月 1 日至 12 月 31 日）的综合能耗，kgce；

P——日平均用能人数，p。

人均综合能耗定额指标及等级值见表 1-4。

表 1-4　　**人均综合能耗定额指标及等级值**　　（单位：kgce/p）

燃气自供暖			集中供暖（按热计量收费）		
约束值	基准值	引导值	约束值	基准值	引导值
1358	916	603	1167	779	510

（五）人均非供暖能耗

人均非供暖能耗是指一个自然年内，各种能源实物量（除供暖能耗和数据中心机房用电之外）的各种能耗实物量折算为标准煤的总和与用能人数的比值。

人均非供暖能耗的计算，燃气自供暖选择式（1-8），集中供暖（按热计量收费）选择式（1-9），即

$$e_{\mathrm{rfgn}}=\frac{E-E_{\mathrm{rqgn}}\times 1.330-E_{\mathrm{jf}}\times 0.1229}{P} \tag{1-8}$$

式中　e_{rfgn}——人均非供暖能耗，kgce/p；

E——评价年份自然年（1 月 1 日至 12 月 31 日）的综合能耗，kgce；

E_{rqgn}——评价年份供暖周期内（评价年份前一年 11 月 15 日至评价年份 3 月 15 日）用于供暖所消耗的燃气用量，m³；

E_{jf}——评价年份自然年（1 月 1 日至 12 月 31 日）数据中心机房用电量，kW•h；

P——日平均用能人数，p。

$$e_{rfgn}=\frac{E-E_{jzgn}\times 34.16-E_{jf}\times 0.1229}{P} \tag{1-9}$$

式中　e_{rfgn}——人均非供暖能耗，kgce/p；

E——评价年份自然年（1 月 1 日至 12 月 31 日）的综合能耗，kgce；

E_{jzgn}——评价年份供暖周期内（评价年份前一年 11 月 15 日至评价年份 3 月 15 日）供暖热计量用量，GJ；

E_{jf}——评价年份自然年（1 月 1 日至 12 月 31 日）数据中心机房用电量，kW•h；

P——日平均用能人数，p。

人均非供暖能耗定额指标及等级值见表 1-5。

表 1-5　　人均非供暖能耗定额指标及等级值　　（单位：kgce/p）

约束值	基准值	引导值
649	404	258

（六）人均电耗

人均电耗是指一个自然年内，各种电量总和（除数据中心用电之外）与用能人数的比值。

人均电耗的计算公式为

$$e_{rd}=\frac{E_d-E_{jf}-E_{d.qc}-E_{d.zs}}{P} \tag{1-10}$$

式中　e_{rd}——人均电耗，kW•h/p；

E_d——评价年份自然年（1 月 1 日至 12 月 31 日）的总用电量，kW•h；

E_{jf}——评价年份自然年（1 月 1 日至 12 月 31 日）数据中心机房总电量，kW•h；

$E_{d.qc}$——评价年份自然年（1 月 1 日至 12 月 31 日）电量扣除项，kW•h；

$E_{d.zs}$——评价年份自然年（1 月 1 日至 12 月 31 日）的利用太阳能、风能等可再生能源产生的电量，kW•h；

P——日平均用能人数，p。

人均电耗定额指标及等级值见表 1-6。

表 1-6　人均电耗定额指标及等级值　（单位：kW•h/p）

约束值	基准值	引导值
3057	2025	1035

（七）人均用水量

人均用水量是指一个自然年内，取自任何常规水源并被列入第一次利用的水量总和与用能人数的比值，采用人均用水量作为水耗定额指标。

人均用水量的计算公式为

$$V_u = \frac{W_u - W_{qc} - W_{zs}}{P} \tag{1-11}$$

式中　V_u——人均用水量，m^3/p；

W_u——评价年份自然年（1 月 1 日至 12 月 31 日）的总用水量，m^3；

W_{qc}——评价年份自然年（1 月 1 日至 12 月 31 日）的用水量扣除项，m^3；

W_{zs}——评价年自然年（1 月 1 日至 12 月 31 日）的利用雨水回收、中水回收等节约的水资源量，m^3；

P——日平均用能人数，p。

用水量扣除应符合下面 4 种情况：①应市政相关部门要求，对外用于市政道路清扫、绿化等用水量；②维修、基建用水量；③对外出租区域等用水量；④印刷厂、浴室、职工住宅、商业设施、自供暖锅炉等用水量。

人均用水量定额指标及等级值见表 1-7。

表 1-7　人均用水量定额指标及等级值　（单位：m^3/p）

约束值	基准值	引导值
25	18	10

（八）数据中心机房能耗使用效率

数据中心机房能耗使用效率是指数据中心机房在运行过程中，一个自然年内，总电能消耗量与信息设备电能消耗量的比值。

数据中心能耗使用效率的计算公式为

$$\text{数据中心机房能耗使用效率} = \frac{P}{P_{\text{IT}}} \quad (1\text{-}12)$$

式中 P——数据中心机房的总电能消耗，kW•h；

P_{IT}——数据中心机房信息设备电能消耗，kW•h。

数据中心机房能耗使用效率定额指标及等级值见表 1-8。

表 1-8　　数据中心机房能耗使用效率定额指标及等级值

约束值	基准值	引导值
2.0	1.8	1.6

四、建筑其他信息

建筑其他信息包括能源资源分项计量系统设计、实施单位、经济指标（电价、水价、气价、热价）、分项计量系统工程验收日期等。

1.2.2　能源资源拆分计量要求

能源资源拆分计量要求如图 1-2 所示。

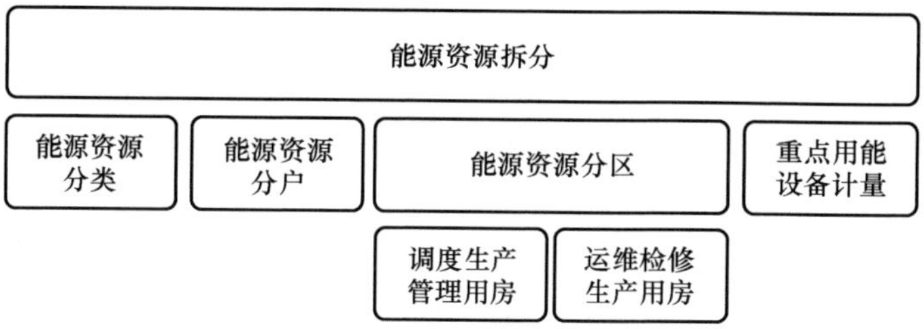

图 1-2　能源资源拆分计量要求

一、能源资源分类

北京公司生产辅助房屋能源资源计量的种类包括煤炭、石油、天然气、生物质能、电力、热力以及其他直接或通过加工转换而取得的各种能源和水。

用能计量范围如图 1-3 所示，包括如下几方面。

（1）输入北京公司生产辅助房屋及其用能设备的能源和水。

（2）北京公司生产辅助房屋及其用能设备输出的能源和水。

（3）北京公司生产辅助房屋及其用能设备使用（消耗）的能源和水。

（4）北京公司生产辅助房屋及其用能设备自产的能源和水。

（5）北京公司生产辅助房屋及其用能设备回收利用的余能（热）。

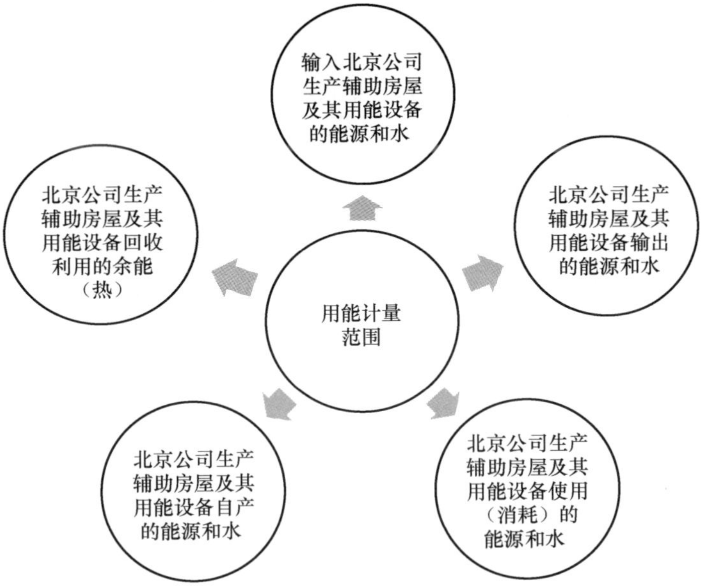

图 1-3　用能计量范围

二、能源资源分项

（一）用电分项计量

用电分项结构如图 1-4 所示。

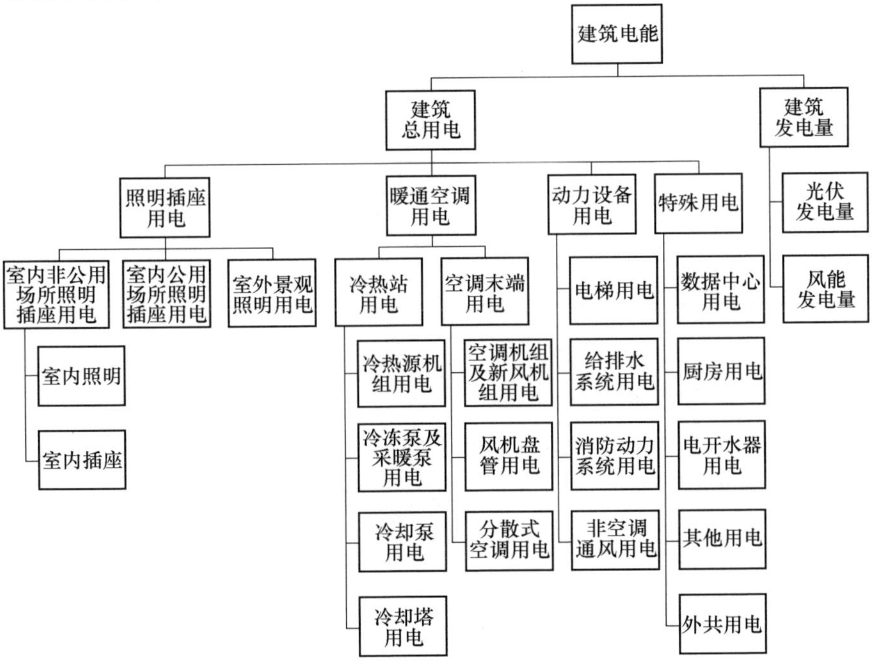

图 1-4　用电分项结构

用电分项计量系统可划分为一级子项、二级子项及三级子项，见表1-9。

表1-9　　用电分项计量系统划分

类别	一级子项	二级子项	三级子项
建筑总用电	照明插座用电	室内非公用场所照明插座用电	室内照明
			室内插座
		室内公用场所照明插座用电	
		室外景观照明用电	
	暖通空调用电	冷热站用电	冷热源机组
			冷冻泵及采暖泵
			冷却泵
			冷却塔
		空调末端用电	空调机组及新风机组
			风机盘管
			分散式空调
	动力设备用电	电梯用电	
		给排水系统用电	
		消防动力系统用电	
		非空调通风用电	
	特殊用电	数据中心用电	数据中心设备
			数据中心专用空调
			调度中心用电
		厨房用电	厨房设备
			厨房专用空调
		电开水器用电	
		其他用电	
		外供用电	
建筑发电	光伏发电量		
	风能发电量		

1. 一级子项

一级子项用电拆分如图1-5所示。

（1）照明插座用电分项应由室内非公用场所照明插座用电、室内公用场所照明插座用电及室外景观照明用电3项二级子项的用电合并组成。

（2）暖通空调用电分项应由冷热站用电和空调末端用电两项二级子项的用电合并组成。

（3）动力设备用电分项应由电梯用电、给排水系统用电及非空调用通风用电3项二级子项的用电合并组成。

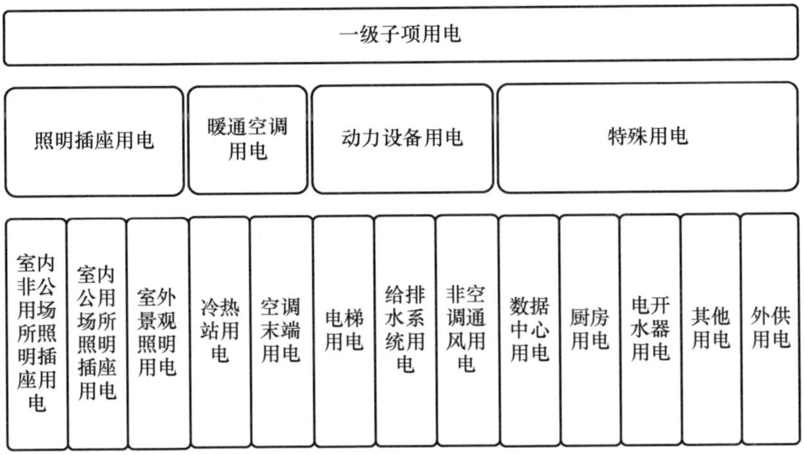

图 1-5　一级子项用电拆分

（4）特殊用电分项应由数据中心用电、厨房用电、电开水器用电、其他用电及外供用电等二级子项的用电合并组成。

（5）建筑光伏发电量和风能发电量独立计量。

2. 二级子项

二级子项用电拆分如图 1-6 所示。

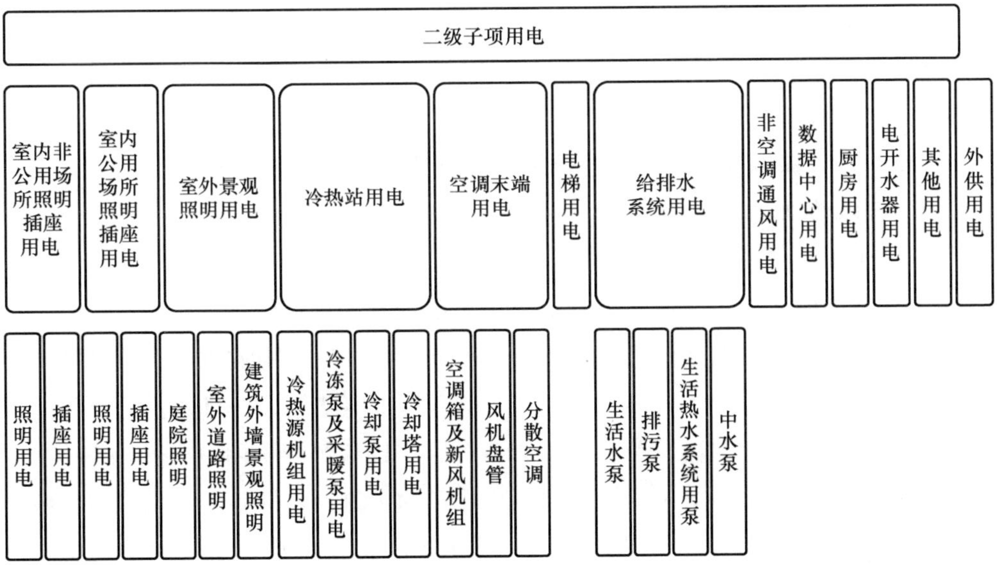

图 1-6　二级子项用电拆分

（1）室内非公用场所照明插座用电应由室内非公用场所照明用电和插座用电两项三级子项的用电合并组成。

（2）室内公用场所照明插座用电应由建筑物公用场所的照明和插座用电组成。

（3）室外景观照明用电应由建筑物外部的庭院照明、室外道路照明、建筑外墙景观照明、喷泉等的用电组成。

（4）冷热站用电应由冷热源机组用电、冷冻泵及采暖泵用电、冷却泵用电和冷却塔用电 4 项三级子项的用电合并组成。

（5）空调末端用电应由空调箱及新风机组、风机盘管和分散空调用电 3 项三级子项的用电合并组成。

（6）电梯用电应由建筑物中所有电梯用电组成。

（7）给排水系统用电应由除空调采暖系统和消防系统以外的所有水泵及水处理设备的用电组成。除空调采暖系统和消防系统外的水泵包括生活水泵、排污泵、生活热水系统用泵及中水泵。

（8）非空调用的通风用电，应由空调采暖系统和消防系统以外的所有风机，即输送不经过冷热处理的空气的风机，如车库通风机的用电组成。

（9）特殊功能的数据中心、厨房等场所的用电作为一级子项单独计量，并应将主体设备和专用空调用电分别作为两项二级子项计量。

（10）电开水器用电，由集中制备饮用开水的电热设备的用电组成，不包括使用桶装水的饮水机等设备的用电。

（11）功能特殊且耗能大的专用及其附属设备的用电应列为单项计量，并列入其他用电项内。

（12）有外供电能的建筑应将外供电能单独列为二级子项独立计量。

3. 三级子项

三级子项用电拆分如图 1-7 所示。

（1）室内照明用电应由建筑物非公用场所的照明用电组成。

（2）室内插座用电是指在建筑物非公用场所从插座取电的电器，应包括计算机、打印机、复印机、传真机、饮水机、电视机、电冰箱、健身器材等设备的用电组成，不包括电开水器、信息中心设备、厨房设备等特殊用电设备的用电。

（3）冷热源机组用电应由提供空调冷热源的主机，包括各类冷水机组、各类热泵机组、锅炉和提供空调热水的各类热水器和提供生活热水的锅炉的用电组成。同时应依据技术要求在合适位置安装冷热量表进行冷热计量。

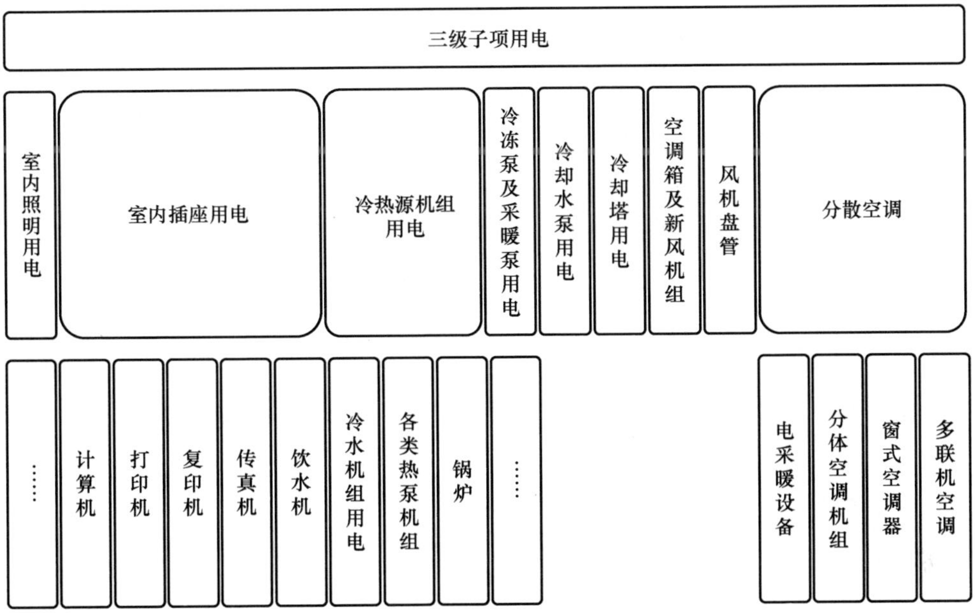

图 1-7　三级子项用电拆分

（4）冷冻泵及采暖泵用电应由用于输送冷热源主机产生的冷、热水循环泵的用电组成。

（5）冷却水泵用电应由用于将冷热源主机产生的废冷、废热输送到室外环境，即低温热源或常温热汇中去的水泵设备的用电组成。

（6）冷却塔用电应由将冷、热源主机产生的废冷、废热散发到室外环境，即低温热源或常温热汇中去的冷却塔或能源塔中的风机设备的用电组成。

（7）空调箱及新风机组用电应由为室内空调场所提供冷热量的风机，包括空调箱风机、新风机组风机等设备的用电组成。

（8）风机盘管用电应由为房间内提供冷热量的循环风机的用电组成。

（9）分散空调用电应由冷热源和室内、室外两侧输配系统合为一体的空调设备包括电采暖设备、分体空调机组、窗式空调器，变冷媒流量多联空调机组等的用电组成。

（二）用水分项计量

1. 用水统计范围

北京公司生产辅助房屋的用水统计是指一个自然年内实际消耗的水量，主要包括自来水、自备井供水、桶装水等。

北京公司生产辅助房屋的统计范围应包括生活用水、消防用水、绿化用水、空调补水等所使用的所有用水量。用水计量范围如图 1-8 所示。

当可以实现单独计量时，下列情况的用水可不计入。

（1）应市政相关部门要求，对外用于市政道路清扫、绿化等用水。

（2）维修、基建用水。

（3）对外出租区域等用水。

（4）印刷厂、浴室、职工住宅、商业设施、自供暖锅炉等用水。

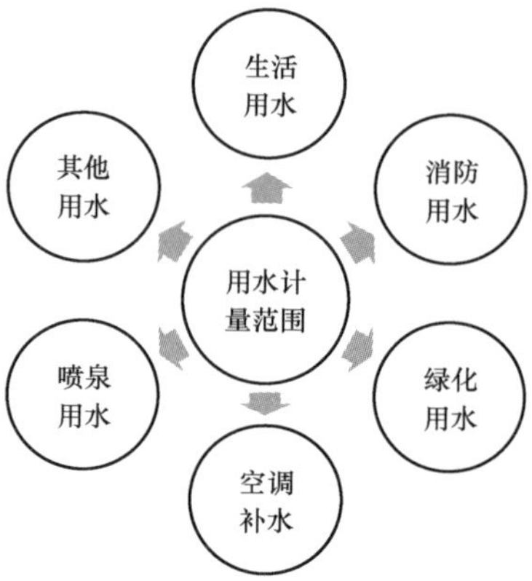

图 1-8　用水计量范围

2. 计量装置选型要求

（1）总水量计量应采用具有远传功能的数字式水表，厨房、卫生间等分项用水计量宜采用具有远传功能的数字式水表，其余表计的选用宜根据投资、测量精度、安装条件等综合考虑。

（2）给水系统和设备的计量应根据系统形式、使用水温等情况选择合适的计量器具，并应符合以下规定：①冷水系统应选用冷水表计量；②热水系统应选用热水表计量；③蒸汽热交换器宜选用蒸汽流量计计量；④水一水热交换器宜选用热量计计量。

3. 水计量设计要求

（1）市政给水管网的引入管上应设置总水表计量。

（2）每栋单体建筑宜设分水表计量。

（3）给水系统应根据不同用水性质、不同的产权单位、不同的用水单价和单位内部经济核算单元的情况，进行分别计量。

（4）当热水系统的计量装置后设有回水管时，回水管上应设计量装置。

（5）给水系统中餐饮用水、游泳池补充水、冷却塔补充水、空调系统补充水锅炉补充水、水景补充水应单独计量。

（6）喷灌系统、雨水回用系统、中水回用系统和集中式太阳能热水系统应进行计量。

（7）热交换器的热媒用量应进行计量。

（三）水资源回收分项计量

1. 水资源回收意义

部分北京公司生产辅助房屋用水指标偏高，应针对用水专项开展节水回水活动，合理选择雨水回收进行分项计量，不仅可以大大提高水资源的利用效率，还可以有效改善北京公司生产辅助房屋园区和周围生态环境。

一方面，在水资源利用方面，延续洪峰径流形成的时间，削减洪峰流量，从而减小雨水管道系统的防洪压力，提高设计区域的防洪标准，减少洪灾造成的损失，减少需公司设置投入的防洪设施资金；另一方面，天然雨水硬度低，污染少，处理成本低廉，通过模块式蓄水箱收集到的雨水资源可用来冲洗厕所、浇洒路面、浇灌草坪、水景补水，甚至用于循环冷却水和消防水。雨水收集可以有效降低用水指标，缓解部分区域用水紧张的局面。

2. 水资源回收类型及用途

回收水资源按照《建筑中水设计标准》（GB 50336—2018）和《城镇污水再生利用工程设计规范》（GB 50335—2016）分为优质杂排水和生活污水，具体种类和选取顺序为：①卫生间、公共浴室的盆浴和淋浴等的排水；②盥洗排水；③空调循环冷却水系统排水；④冷凝水；⑤洗衣排水；⑥厨房排水；⑦冲厕排水。

中水水源一般不是单一水源，通常可分为优质杂排水、杂排水及生活污水。其中盥洗排水、淋浴排水、循环冷却水称为优质杂排水，应优先选用；冲厕排水以外的生活排水称为杂排；生活污水，即所有生活排水的总称，这种水质最差。

水回收可用于冲厕、道路清扫、消防、绿化、车辆冲洗、建筑施工等杂用的水，按《城市污水再生利用 城市杂用水水质》（GB/T 18920—2020）中城市杂用水类标准执行。

用于景观环境用水，其水质应符合国家标准《城市污水再生利用 景观环境用水水质》（GB/T 18921—2019）的规定。

用于供暖、空调系统补充水时，其水质应符合现行国准《采暖空调系统水质》（GB/T 29044—2012）的规定。

用于冷却、洗涤、锅炉补给等工业用水时，其水质合现行国家标准《城市污水再生利用 工业用水水质》（GB/T 19923—2005）的规定。

用于食用作物、蔬菜浇灌用水时，其水质应符合现行国家标准《城市污水再生利用 农田灌溉用水水质》（GB/T 20922—2007）的规定。

用于多种用途时，应按不同用途水质标准进行分质处理；当中水同时用于多种用途时，其水质应按最高水质标准确定。

3. 水资源回收设备选择

（1）雨水回收应采用雨水入渗系统、收集回用系统、调蓄排放系统中的单一系统或多种系统组合，并应符合下列规定。

1）雨水入渗系统应由雨水收集、储存、入渗设施组成。

2）收集回用系统应设雨水收集、储存、处理和回用水管网等设施。

3）调蓄排放系统应设雨水收集、调蓄设施和排放管道等设施。

（2）雨水回收系统的选用应符合下列规定。

1）入渗系统的土壤渗透系数应为10^{-6}～10^{-3}m/s 之间，且渗透面距地下水位应大于 1.0m，渗透面应从最低处计。

2）收集回用系统宜用于年均降雨量大于 400mm 的地区。

3）调蓄排放系统宜用于有防洪排涝要求的场所或雨水资源化受条件限制的场所。

4. 水资源回收设备部署

雨水控制及利用设施的布置应符合下列规定。

（1）应结合现状地形地貌进行场地设计与建筑布局，保护并合理利用场地内原有的水体、湿地、坑塘、沟渠等。

（2）应优化不透水硬化面与绿地空间布局，建筑、广场、道路周边宜布置可消纳径流雨水的绿地。

（3）建筑、道路、绿地等竖向设计应有利于径流汇入雨水控制及利用设施。

（4）雨水构筑物及管道设置应符合现行国家标准《给水排水工程构筑物结构设计规范》（GB 50069—2002）和《建筑给水排水设计标准》（GB 50015—2019）的规定。

5. 水资源回收系统选型

（1）雨水回收系统选型。

1）雨水控制及利用系统的形式和各系统控制及利用的雨水量，应根据工程项目特点经技术经济比较后确定。

2）雨水控制及利用应优先采用入渗系统或（和）收集回用系统，当受条件限制或条件不具备时，应增设调蓄排放系统。

3）硬化地面、屋面、水面上的雨水径流应控制及利用，并应符合下列规定：①硬化地面雨水宜采用雨水入渗或排入水体；②屋面雨水宜采用雨水入渗、收集回用，或二者相结合的方式；③降落在水体上的雨水应就地储存。

4）屋面雨水利用方式的选择应根据下列因素综合确定：①北京公司生产辅助房屋水资源利用和使用情况；②室外土壤的入渗能力；③雨水的需求量和用水水质要求；④杂用水量和降雨量季节变化的吻合程度；⑤经济合理性。

5）符合下列条件之一时，屋面雨水应优先采用收集回用：①降雨量分布较均匀的地区；②用水量与降雨量季节变化较吻合的建筑区或厂区；③降雨量充沛地区；④屋面面积相对较大的建筑。

6）雨水回用用途应根据收集量、回用量、随时间的变化规律以及卫生要求等因素综合考虑确定。雨水可用于景观用水、绿化用水、循环冷却系统补水、路面和地面冲洗用水、冲厕用水汽车冲洗用水、消防用水等。

7）同时设有收集回用系统和调蓄排放系统时，宜合用雨水储存设施。

8）同时设有雨水回用和中水系统时，原水不应混合，出水可在清水池混合。

（2）中水水回收系统选型。

1）中水系统宜包括原水、处理和供水 3 个系统。

2）建筑物中水宜采用原水污废分流、中水专供的完全分流系统。

3）建筑小区中水可采用下列系统形式：①完全分流系统；②半完全分流系统；③无分流系统。

4）建筑中水系统形式的选择，应根据工程的实际情况、原水和中水用量的平衡和稳定、系统的技术经济合理性等因素综合考虑确定。

6. 水资源监测数据要求

（1）雨水收集、处理设施和回用系统宜设置自动控制、远程控制及就地手动控制等控制方式。

（2）对雨水处理设施、回用系统内的设备运行状态宜进行监控。

（3）雨水处理设施运行宜自动控制。水量、主要水位、pH 值、浊度等常用控制指标应实现，可实现在线监测。

（4）补水应由水池水位自动控制。

7. 水资源数据分析要求

（1）北京公司生产辅助房屋应按月，季年及时统计雨水回收总量，收集分析降雨量、获水量、溢流量。

（2）雨水回收数据分析应增加能耗定额指标自动周期核算，按照日、周、月、季度周期设定雨水回收值，提前提醒指标完成情况。

（3）雨水回收数据应增加雨水回收使用效果分析，包括理论计算回收效率、实际反馈回收率等，在管理不善或使用效果不佳时推动雨水回收系统改善建议。

8. 定额对比要求

（1）以能源资源计量用水数据为基础，北京公司生产辅助房屋应制定年度节水目标和《定额》指标达标计划目标，有针对性地建设雨水回收系统规模。

（2）雨水回收计量数据应适用于开展能源资源效率限额对标、节能降耗改造等活动。

三、能源资源分户

进出公共机构的各类能源和水应加装计量器具。两个或两个以上在同一栋建筑或同一个区域不同建筑内的公共机构，其各类能源和水应分别计量。对于拥有多栋建筑的公共机构，其每栋建筑的电力、热力、水消耗量应单独计量。

四、能源资源分区

北京公司生产辅助房屋应按照调度生产管理用房和运维检修生产用房的功能区域不同，分别按照不同功能区域进行单独计量。

（一）调度生产管理用房分区计量

调度生产管理用房分区计量划分如图 1-9 所示。

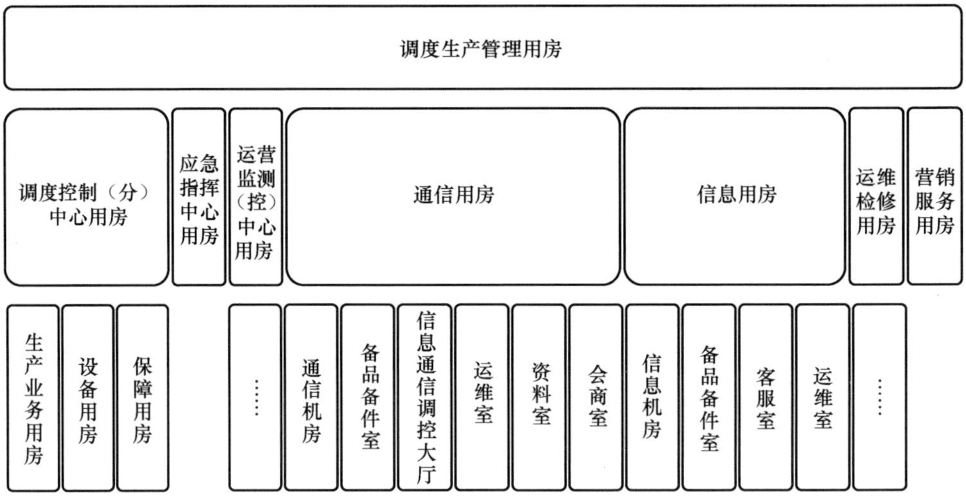

图 1-9 调度生产管理用房分区计量划分

北京公司生产辅助房屋调度生产管理用房按照功能分区不同，计量标准应划分为调度控制（分）中心用房（生产业务用房、设备用房、保障用房）、应急指挥中心用房、运营监测（控）中心用房、通信用房（通信机房、备品备件室、信息通信调控大厅、运维室、资料室、会商室、通信电源室、蓄电池室、进线室、网管操作室、精密空调室、消防气体钢瓶室、备班室等）、信息用房（信息机房、备品备件室、客服室、运维室、资料室、会商室、UPS 电源室、蓄电池室、操作监控室、精密空调室、消防气体钢瓶室、开发研发室）、运维检修用房、营销服务用房。

（二）运维检修生产用房分区计量

运维检修生产用房分区计量划分如图 1-10 所示。

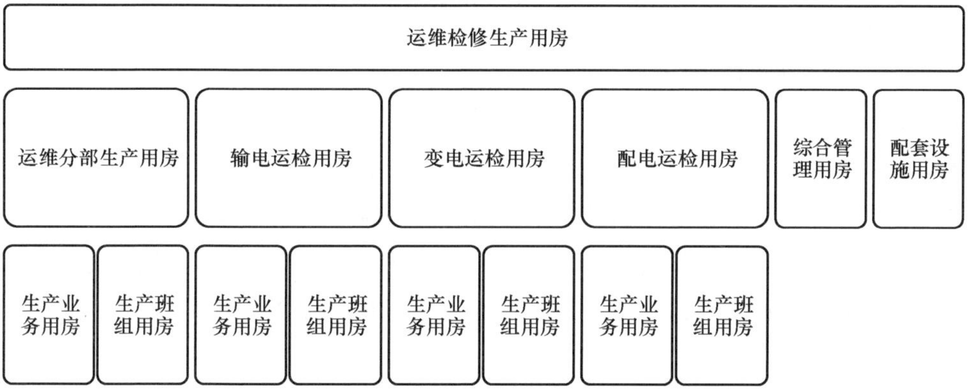

图 1-10　运维检修生产用房分区计量划分

北京公司生产辅助房屋运维检修生产用房按照功能分区不同，计量标准应划分为运维分部生产用房（生产业务用房、生产班组用房）、输电运检用房（生产业务用房、生产班组用房）、变电运检用房（生产业务用房、生产班组用房）、配电运检用房（生产业务用房、生产班组用房）、综合管理用房、配套设施用房等。

注意：北京公司生产辅助房屋对外服务及外包场所的电力和水消耗量应单独计量。

五、重点用能设备计量

北京公司生产辅助房屋的主要用能设备，如中央空调、照明和插座、电梯、供热锅炉、电热水炉等，其各类能源和水消耗量应单独计量。

固定用电设备电力消耗量限定值见表 1-10，符合表 1-10 中条件的固定用电设备的电力消耗应单独计量。

表 1-10　　固定用电设备电力消耗量限定值

使用时间/（h/a）	＜400	400～2000	＞2000
额定功率/kW	＞50	20～50	10～20

注：1．对于备用的固定用电设备，可以与在用设备合并计量。

2．对于消防、防汛等应急使用设备，可以不予计量。

六、不同能源分类方式结合

（一）新建建筑计量方式选择

对于新建建筑，应从能源数据底层计量搭建，在建筑能耗管理中增加多种能源分类方式，如能源资源分户计量、能源资源分项计量、能源资源分区域安装计量设备等。

（二）既有建筑计量方式选择

在实际计量条件中，面临资源分区不合理、资源分类情况模糊等问题，应针对北京公司生产辅助房屋实际能源配置情况，对各类能源资源应单独计量，在满足《定额》计量范围总指标的条件下，按照资源流向和资源分配情况应配备分项计量器具，在建筑不能满足基础能源分配方式中增加分建筑、分楼层、分朝向、分部门或科室的计量方式，以补充能源分项计量的计量条件。

1.3　系统设计技术要求

本章主要针对北京公司生产辅助房屋进行能源资源分项计量时系统设计要求进行规定，具体内容包括建立能源计量器具档案要求、能源资源计量装置选型要求、系统管理软件设计要求、数据质量功能要求、数据分析预警要求、数据限额要求等。

1.3.1　一般规定

北京公司生产辅助房屋应备有完整的能源资源计量器具，包括计量器具的名称、型号规格、准确度等级、测量对象和范围、生产厂家、出厂编号、管理编号、安装使用地点及状态（指合格、准用、停用等）。

一、能源资源计量器具档案

北京公司生产辅助房屋应建立能源资源计量器具档案，内容包括：①计量器具使用说明书；②计量器具出厂合格证；③计量器具最近两个连续周期的检定（测试、校准）证书；④计量器具维修记录；⑤计量器具其他相关信息。

北京公司生产辅助房屋应备有能源资源计量器具量值传递或溯源图，其中作为单位内部标准计量器具使用的，要明确规定其准确度等级、测量范围、可溯源的上级传递标准。北京公司生产辅助房屋的能源资源计量器具，凡属自行校准且自行确定校准间隔的，应有现行有效的受控文件（即自校计量器具的管理程序和自校规范）作为依据。

二、能源资源计量器具的定期检定

北京公司生产辅助房屋能源资源计量器具应定期检定（校准），具体要求如下：

（1）应使用经检定（校准）符合要求的或不超过检定周期的计量器具。

（2）属强制检定的计量器具，其检定周期、检定方式应遵守有关计量法律法规的规定。

在用的能源资源计量器具应在明显位置粘贴与能源资源计量器具一览表编号对应的标签，以备查验和管理。新装、更换及维修的能源资源计量器具在使用前应经相关部门检定或校准，满足相应的准确度等级要求后才能使用。

1.3.2　能源资源计量装置选型

一、电能表的选型要求

用电计量装置的基本要求应符合下列规定。

（1）用电计量装置准确度应符合《电测量及电能计量装置设计技术规程》（DL/T 5137—2001）及其他相关标准的有关规定。其中有功电能表的准确度等级应不低于 1.0 级。

（2）用电计量装置必须具有数据远传的功能，并符合国家、行业和地方现行有关标准的规定。

（3）经电流互感器接入的电能表的电流回路应通过试验端子或专用试验接线盒接入，电压回路应通过带熔断器的端子接入。

（4）电流互感器精度等级应不低于 0.5 级。

（5）电流互感器性能参数应符合《互感器　第 2 部分：电流互感器的补充技术要求》（GB/T 20840.2—2014）规定的技术要求。

（6）电子式电能计量装置应具有计量数据输出功能。选用具有 RS-485 标准串行接口或 M-BUS 电气接口的计量装置。当采用其他接口时，应符合相关标准的规定。

（7）电子式电能计量装置应具有计量数据分析功能。电能计量装置采集的数据可直接在表具外接模块中进行分析处理，减“云端”处理工作。

（8）电子式电能计量装置应具有碳排放计量和分析功能。电能计量装置采集的数据可以自动输出碳排放计算结果、支持修改碳排放因子、可以自动计算和输出标煤。

（9）电子式电能计量装置应优先选择安装便捷的计量表具，减少现场布线和本地局域网调试，自带 4G/NB 公网通信模块，即插即用。

二、水表的选型要求

（1）数字水表精度等级应不低于 2.5 级。

（2）数字水表性能参数应符合《封闭满管道中水流量的测量饮用冷水水表与热水水表　第 1 部分：规范》（GB/T 778.1—2007）中的规定。

（3）数字水表应具有累计流量和计量数据输出功能。应优先选用具有 RS-485 标准串行通信接口的水表。当采用其他接口的水表时，应符合相关标准和规定。

（4）数字水表及其接口管径应不影响原系统供水流速。

（5）数字水表应优先选择安装便捷的计量表具，减少现场布线和本地局域网调试，自带 4G/NB 公网通信模块，即插即用。

三、燃气表的选型要求

（1）数字燃气表精度等级应不低于 2.0 级。

（2）数字燃气表应根据使用燃气类别、安装条件、工作压力和用户要求等因素选择。

（3）数字燃气表应具有累计流量功能和计量数据输出功能。应优先选用具有 RS-485 标准串行数据接口的表具。当采用其他接口表具时，应符合相关标准的规定。

（4）数字燃气表应优先选择安装便捷的计量表具，减少现场布线和本地局域网调试，自带 4G/NB 公网通信模块，即插即用。

（5）数字燃气表应具有碳排放计量和分析功能。电能计量装置采集的数据可以自动输出碳排放计算结果、支持修改碳排放因子、可以自动计算和输出标煤。

四、冷、热量表的选型要求

（1）数字热量表误差应不大于 5%。

（2）数字热量表性能参数应符合《热量表》（CJ 128—2007）的规定。

（3）数字热量表应具有检测接口或数据通信接口，应优先选用具有 RS-485 标准串行接口的表具。当采用其他接口表具时，应符合相关标准的规定。

（4）数字热量表的配置应不影响原有热（冷）量传导量和传导速度。

五、可再生能源表的选型要求

可再生能源系统计量装置性能参数要求见表 1-11。

表 1-11　　可再生能源系统计量装置性能参数要求

序号	计量设备类型	性能参数要求
1	室外温度计量设备	测量范围：−40～+80℃ 测量准确度：≤±0.5℃ 测量分辨率：≤±0.1℃
2	表面温度计量设备	测量范围：−20～100℃ 测量准确度：≤±1.0℃ 测量分辨率：≤±0.1℃
3	水温度计量设备	测量范围：0～100℃ 测量准确度：≤±0.2℃ 测量分辨率：≤±0.1℃
4	太阳辐射计量设备	光谱范围：280～3000nm 测量范围：0～2000W/m^2 测量准确度：＜5% 测量分辨率：≤1W/m 灵敏度：≤7～14μV/（W•m^{-2}）
5	流量计量设备	测量范围：依据测量设备或者系统循环流量确定，不得小于测量设备或者系统循环流量的 1.5 倍 测量准确度：≤2% 测量分辨率：≤0.1m^3/h 工作环境：电源为单相交流 220V，50Hz 环境温度：0～50℃ 相对湿度：20%～80%

可再生能源系统监测装置的数据通信接口，应优先选用具有 RS-485 标准串行接口的表具。当采用其他接口表具时，应符合相关标准的规定。

1.3.3　系统管理软件技术要求

系统管理软件主要是对能源分项计量监测系统管理服务器和系统管理软件的性能、数据、功能、模块配置提出技术要求，应包括但不限于以下功能。

（1）实现能耗概览、能效对标、能耗分项统计、能效排名、设备能耗追踪分析、能耗报警、能耗报告、报表等常规功能。

（2）实现《定额》要求指标实时显示功能，设定指标完成计划，按照指标计划进行阶段性、实时性周期统计，并进行指标超限预警提醒等。

（3）能源费用占比分析，直观显示建筑水、电、燃气等能源消耗比例。

（4）电量分项能耗分析。根据耗电用途不同，可以逐月、逐年显示动力、空调、照明插座、特殊用电的消耗比例。

（5）报表管理功能。用能情况的同比、环比分析，统计建筑整体或区域能耗的时用量、日用量和年用量，以曲线图、柱状图等不同方式显示，支持报表输出。

（6）分级权限管理。

1.3.4 数据质量功能要求

主要是对能源分项计量数据上传通信的方式、周期、报表形式、安全协议提出要求。

（1）数据采集点应根据建筑物分类情况，采用规范的编码规则进行标识。

（2）数据采集器宜设置在通风良好、环境干燥的配电间、值班室和监控室内，并应预留网络传输接口。

（3）数据采集器应安装在便于管理与维护的位置，并加装箱体保护。

（4）数据采集装置应具有下列功能。

1）应支持对多种类型的用电计量装置或设备进行数据采集，包括电能表、安装式数字显示电测量仪表等。

2）与能耗监管信息平台的连接应进行身份认证，远程传输的电耗数据和命令应加密，保证数据存储和传输的安全性。

3）应具备向多个能耗监管信息平台并发传输数据功能。

4）应支持自动校时功能。

5）应具备断点续传功能。

6）应具备本地和远程配置及管理功能。

（5）数据采集与传输性能指标应符合下列要求。

1）数据采集器的抗干扰性能宜满足工业级产品的要求。

2）数据采集与传输的时间周期应能从 5min 到 3h 灵活配置。

3）采集的电耗数据应本地备份，其保存周期不应小于 1 个月。

（6）数据采集与传输可采用有线通信或无线通信方式，网络可采用公用通信网或专用通信网。

（7）数据采集网络应为主—从结构的半双工通信网络，数据采集器为主站，用电计量装置为从站：数据采集器应支持监管平台的命令和主动定时向用电计量装置发送请求命令两种模式。

（8）用电计量装置和数据采集器之间应采用符合标准的通信协议。

（9）能源资源数据采集器与能耗数据中心之间的数据通信应采用基于 TCP/IP 协议的数据网络。

（10）数据存储应当采用校验技术、密码技术等措施进行安全存储，不得直接提供存储系统的公共信息网络访问，并实施数据容灾备份和存储介质安全管理，定期开展数据恢复测试。存储核心数据的，还应当明确相应单位实施异地容灾备份。

1.3.5　数据分析预警要求

主要是对能源分项计量数据分析的方式、周期、报表形式、效果提出要求。

（1）北京公司生产辅助房屋应建立能源资源统计报表制度，统计报表数据应能追溯至计量测试记录。

（2）能源资源计量数据记录应采用表格形式，记录表格应便于数据的汇总与分析，应说明被测量与记录数据之间的转换方法或关系。

（3）北京公司生产辅助房屋建立能源资源计量数据管理与分析制度。

（4）北京公司生产辅助房屋应按月，季年及时统计各种主要能源和水消耗量。

（5）能源分项计量数据分析应增加能耗定额指标自动周期核算，按照日、周、月、季度周期设定指标预警值，提前提醒指标超标。

（6）能源分项计量数据分析应能自动反馈支路能耗超标情况，提供超标预警告信息，推送改善建议。

1.3.6　数据限额对标要求

（1）以能源资源计量数据为基础，北京公司生产辅助房屋应制定年度节能目标和《定额》指标达标计划目标，有针对性地采取计量管理或计量改造措施。

（2）能源资源计量数据应适用于开展能源资源审计、能源资源平衡测试、能源资源效率限额对标、节能降耗改造等活动。

1.4 调试技术要求

本节主要针对北京公司生产辅助房屋进行能源资源分项计量时系统设备安装和调试方法进行规定，具体内容包括表具安装要求、系统调试准备、系统计量调试方式及数据传输调试等。

1.4.1 一般规定

对能源分项计量施工单位人员专业、施工前准备和检查、施工过程和调试过程质量控制提出要求。

1.4.2 计量表计安装

对电能表、水表、能源表等计量装置安装设计提出要求，并做好与建筑、电气及管道等其他专业的配合工作，包括电能表安装技术要求、水表安装技术要求、电流互感器安装技术要求、燃气表安装技术要求、冷热量表安装技术要求。

计量装置安装应按设计文件要求进行，并应符合《电气装置安装工程 电缆线路施工及验收标准》（GB 50168—2018）、《自动化仪表工程施工及验收规范》（GB 50093—2013）中的有关技术规定。

一、电能计量装置的安装

（一）电流互感器的安装

（1）同一回路内的电流互感器应采用型号、额定电流变比、准确度等级和二次容量均相同的互感器，且宜使用同一制造厂商的产品。

（2）采用电流互感器接入的低压三相四线电能表，其电压引入线应单独接自该支路开关下口的母线，禁止在母线和电缆连接螺栓处引出。

（3）电压、电流回路 U、V、W 各相导线应分别采用黄、绿、红色绝缘铜质线，中性线应采用黑色绝缘铜质线，并在导线上设置与图纸相符的端子编号。导线排列顺序应按正相序自左向右或自上向下排列。

（4）电流互感器进线端的极性符号应一致。

（5）电流互感器二次回路应安装接线端子，变压器低压出线回路宜安装试验端子。出线端子应编制序号。端子排应便于更换和接线，离地高度宜大于 350mm。连线与端子应连接可靠，杜绝开路现象的发生。

（6）电流互感器二次侧一端应可靠接地。

（7）电流测量回路应采用截面不小于 2.5mm 的铜质线缆。电压测量回路应采用耐压不低于 500V 的铜芯绝缘导线，且芯线截面不应小于 1.5mm。

（8）既有建筑改造项目中如利用已有互感器的，应在施工前对互感器出线进入计量装置的接线极性进行测试，如出现反接，应在系统施工时进行纠正。

（二）电能表的安装

（1）安装前应通电检查和校验。电能表精度等级应满足设计要求，安装方式应符合现场使用条件。

（2）使用多功能电力仪表和三相电力分析仪表的，采集电压信号前端应加装 1A 熔丝。

（3）二次回路的连接件均应采用铜质制品。

（4）单独配置的计量表箱在室内挂墙安装时，安装高度宜为 0.8～1.8m。

（5）电能表应垂直安装，表中心线倾斜不大于 1°，应安装牢固。

（6）在原配电柜（箱）中加装时，计量装置下端应设置标示回路名称的标签与原三相电能表间距应大于 80mm，单相电能表间距应大于 30mm，电能表与屏边的距离应大于 40mm。

二、水表的安装

（1）应符合《封闭满管道中水流量的测量饮用冷水水表与热水水表　第 1 部分：规范》（GB/T 778.1—2007）中的相关规定。

（2）应避免对管道产生附加压力，必要时设置支架（座）。

（3）位置及方式应符合设计规定与产品安装要求，且便于拆卸更换。应不影响供水系统正常运行和供水流量，并杜绝渗漏。

三、燃气表的安装

（1）安装前应进行检查和校验。计量表具的精度等级应满足设计要求，安装方式应符合现场使用条件。

（2）安装应符合下列规定。

1）燃气表应根据使用燃气类别及其特性、安装条件、工作压力和用户要求等因素选择。

2）燃气表铭牌上规定的燃气必须与当地供应的燃气相一致。

3）燃气表应安装干燥通风的地方，工作环境温度为-10～40℃，并应远离火源。

4）燃气表宜集中布置在单独房间内，当设有专用调压室时可与调压器同室布置。

四、冷（热）量表的安装

（1）安装前应进行检查和校验。计量表具的精度等级应满足设计要求，安装方式应符合现场使用条件。

（2）流量计安装应符合下列规定。

1）流量计安装应符合仪表安装要求，且宜安装在回水管上。

2）流量计安装应避免对管道产生附加压力，必要时可设置支架或基座。

3）流量计安装位置及方式应符合设计规定与产品安装要求，且便于拆卸更换。流量计安装后应不影响系统热（冷）系统正常运行和流量。

（3）温度传感器安装应符合下列规定。

1）温度传感器与管路的连接，应采用标准螺纹密封螺栓。

2）传感器设置位置应符合设计要求，应能反映被测介质的平均温度。

3）传感器和传热（冷）介质间应具备充分良好的换热条件。在管道中插装的传感器应具有足够插入深度。适宜的插入深度为管道内径的 1/2～2/3。传感器宜迎着介质流动方向安装，传感器朝向与介质流向的夹角不应小于 90°。

4）应尽量减少传感器与周围物体和空间环境间的热交换。

5）传感器安装位置和方式应便于检查和维修。

1.4.3　系统调试

主要是对调试准备、单点调试、分类分项调试、数据传输调试提出技术要求。

一、调试准备

（1）应备齐和阅读如下文件。

1）系统全部设计文件及施工过程中对设计图纸、资料的修正和变更。

2）能源资源计量装置及系统产品的使用说明和技术资料。

（2）编拟系统调试大纲，包括调试程序、测试项目、测试方法、与被计量用能系统协调方案、相关技术标准和指标等。

（3）备齐调试需要的专用工具和检测仪器、仪表。

（4）现场查对计量装置、传输系统中间设备安装部位和数量，应与设计图纸设计变更和安装记录无误，安装外观、工艺应符合规范。

（5）在数据中心的能耗监测管理系统中设定信息采集点、计量装置的编码地址，设定能源资源分类、分项，设定互感器变比、电能表单相或三相接法等信息，向上一级能耗监测数据中心申请并设定能耗监测系统在数据发送通信网络中的地址和编码，并查对无误。

（6）检查系统内所有有源设备供电电源和接地，应准确无误。

（7）查看被计量用能系统，应具备计量数据采集条件。

二、计量单点调试

使用装有数据调试软件的笔记本电脑，逐一连接能源资源计量装置数据输出接按如下步骤查对信息采集数据与计量装置盘面数值。

（1）设定初始值。对于具有计量数据积累的信息采集设备，应设定计量初始值与计量装置盘面数据一致。

（2）按供能系统规范和操作规程开启能源资源负载，检查信息采集数据和计量装置盘面数据，应正常显示，两者误差符合设计规定。

（3）调试完毕应复原能源资源计量装置与传输系统的连接。

三、分类分项调试

（1）分别对各类用能分项计量系统进行系统调试，其步骤及方法如下。

1）全部开启本监测系统信息传输和中央管理系统，显示被调试分类能耗相应的数据显示界面和数据列表。

2）按供能系统的规范和操作规程，开启同类用能负载，观察数据变化。管理服务器分类、分项能耗统计数据应随能耗过程显示增量和总量。

3）逐一核对能耗计量装置、数据采集点地址编码应正确无误，各计量装置能耗盘面值与管理服务器界面中各类、各项数据统计值两者应一致。

（2）分类、分项调试可根据工程进度和用能分类、分项实际分步、分次进行，也可集中次性完成。但一次调试过程中监测系统连续运行应不少于 1h。

（3）在分类、分项调试过程中，应同时检查系统在线监测功能和报警功能，其性能应符合设计规定的要求和指标。

（4）如调试中难以启用能耗负载，宜在数据采集输入端加装模拟负载。检查信息采集数据和计量装置盘面数据，应正常显示，两者应一致。

四、数据传输调试

（1）检查与能耗系统管理软件的通信网络，应顺畅无误。

（2）查核身份认证和数据加密传输，应准确、有效，符合设计要求。

（3）查核系统自动发送用能分项计量数据的内容、发送速度和精度，均应符合设计规定的功能和指标，以保证平台数据的准确性。

1.5 数据运用管理技术要求

本节主要针对北京公司生产辅助房屋进行能源资源分项计量后数据运行管理提出要求，具体内容包括数据管理监测技术要求、数据能耗分析要求、数据能耗排名要求、能耗设备管理要求、能耗系统管理要求、节能收益预测要求等。此外，还针对北京公司整体能源资源管理平台的进行要求说明，以有效指导北京公司生产辅助房屋能源资源分项计量工作落地。

建筑数据运用管理能够对建筑各类耗能设备能耗数据进行实时测量，对采集数据进行统计和分析，能够合理地确定各区域建筑能耗经济指标及《定额》能耗考核指标，发现能源使用规律和能源浪费情况，提高人员主动节能的意识，实现北京公司生产辅助房屋《定额》指标要求达标。

1.5.1 数据管理监测

搭建数据中心智慧能源管理系统的基本框架，对各个用能环节进行实时监测，保证数据稳定传输与安全存储，实时监测当日、当月、当年同比和环比总能耗趋势，识别最耗能设备，掌握能耗分布及能效水平，为建筑物在运行过程中实现行为节能和控制节能提供基础数据。

1.5.2 数据能效分析

一、能耗碳排情况分析

通过系统可实现建筑单位内人均能耗分析（包括水、电、能量），依据 IPCC 碳排放因子数据库等权威碳排数据库，核算北京公司生产辅助房屋能耗碳排放量，为降低建筑碳排放指标提供依据，实现低碳办公数据化。

二、区域能效分析

实现建筑单位内区域能耗对比，方便能耗考核。

三、同期能效分析

实现同年、同期、同一区域能耗对比，方便节能数据分析。

1.5.3 数据能耗排名

按照能源消耗定额标准约束值、标准值、引导值进行分析单位面积能耗和人均能耗指标，增加各个功能区能耗指标对比，实现能耗排名。

1.5.4　能耗设备管理

远程实时监测重点能耗设备的运行情况，及时处理运维中的问题，设备能耗数据采集，随时查询，并根据采集数据进行统计分析，监测异常能源用量，对能源智能仪表故障进行报警，提高系统信息化、自动化水平。

1.5.5　能耗系统管理

远程实时监测重点能耗子系统的运行情况，及时处理运维中的问题，通过大数据、AI 等新一代信息技术，挖掘能耗数据背后潜在的价值，持续优化用能方案，持续挖掘节能潜力。

1.5.6　节能收益预测

实时核算、预估节能改造后的节能能耗数据以及相应的节能收益。

1.5.7　能源资源管理平台建设要求

一、能源资源管理平台建设目标

能源资源管理平台应能实现对北京公司生产辅助房屋各种能源和重点耗能设备的实时监控、控制、优化调度和综合管理，便于北京公司生产辅助房屋管理及时了解和掌握各种能源使用以及各种关键耗能设备的运行工况，做到科学决策和调度指挥，实现北京公司生产辅助房屋《定额》能耗达标的目标。

二、能源资源管理平台基本架构要求

能源资源管理平台应能实现从计划、调度、操作运行到统计、考核整个事务流的闭环管理。

1. 事前管理

与建筑设备管理系统集成，通过计量系统获取建筑运维相关信息，并通过建立能耗模型，与能源优化调度系统集成，获取实时能源消耗预测信息和优化调度建议。

2. 事中监督

通过能源资源消耗《定额》能耗计划管理、调度运行管理、关键耗能设备管理，实时跟踪运行状况，在线动态调整能源平衡，实现能源资源使用和能源设备的在线监督；通过统计分析管理提供的数据挖掘和分析工具，对影响系统运行的各个影响因素进行对比关联分析，准确指导在线能源调整和调度，优化能源使用。

3. 事后考核

通过能源的统计分析管理、指标管理和限额管理，及时获取能源定额和计划的执行情况、能源平衡的具体情况、能源设备的运行情况等，对超额现象进行提前感知预警，调整运行策略，通过考核制度的严格执行，督促各单位资源能源消耗《定额》达标的目标。

三、能源资源管理平台功能要求

1. 可视化展示

展示北京公司生产辅助房屋各类能耗总量、折标值、能源成本、能源消耗趋势、分项能耗占比、区域能源消耗对比，以及当前天气情况、定额指标对比情况等。

2. 实时监控

对北京公司生产辅助房屋各点位的能源使用、报警等情况进行实时的监控，以便各单位能够实时的监测各个点位的运作情况。

3. 定额要求分析

对北京公司生产辅助房屋各类能源使用、消耗，按区域、楼层、分项等方式进行日、周、月、年、指定时段绩效统计，按照《定额》要求计划或定额制定的绩效指标进行 KPI 比较考核，帮助各单位实时了解内部能效水平和节能潜力。

4. 能耗预测

通过对设备运行等的能耗使用情况进行分析，建立能耗计算模型，根据人工智能算法对数据和模型进行修正，对未来建筑能耗趋势进行预测分析，为《定额》能耗达标计划制定提供有效的决策依据。

5. 分析报告

以年、月、日对北京公司生产辅助房屋的能源利用情况、线路损耗情况、设备运行情况、运维情况等进行多方面的统计分析，多方面了解系统的运行情况，并提供数据基础，方便管理人员发现设备异常，从而找出改善点，以及针对用能情况挖掘节能潜力。

6. 智能化管理

宜考虑将数据计量系统与建筑楼控系统结合，计量系统为建筑在运行过程中实现行为节能和控制节能提供基础数据，通过建立能耗模型、能源调度优化模型等路径得到楼宇节能优化控制策略，继而通过楼控系统实现建筑智慧化管理。

第 2 章

生产辅助房屋节能降碳典型设计

生产辅助房屋及其配套设备设施包括结构分系统、围护（含室外）分系统、装饰装修分系统、给水排水分系统、供热采暖分系统、空调通风分系统、电气分系统、电梯分系统及建筑智能化（含消防）分系统九大分系统，如图 2-1 所示。

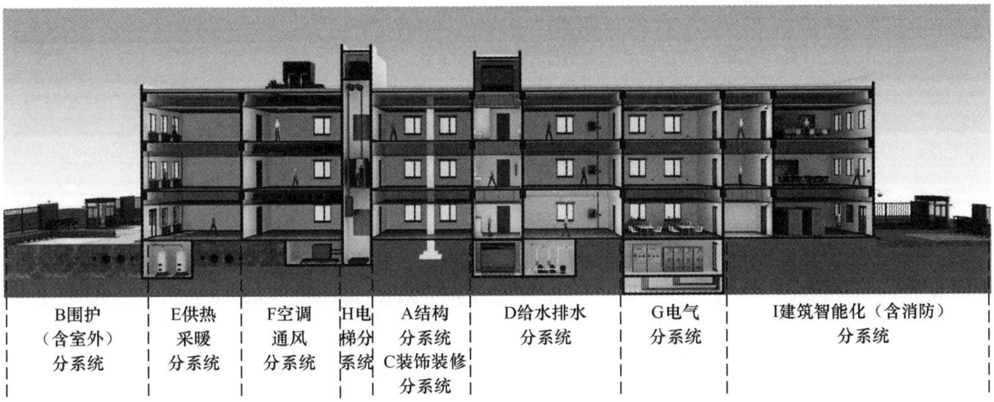

图 2-1　生产辅助房屋及其配套设备设施九大分系统

2.1 结构分系统

结构分系统如图 2-2 所示。

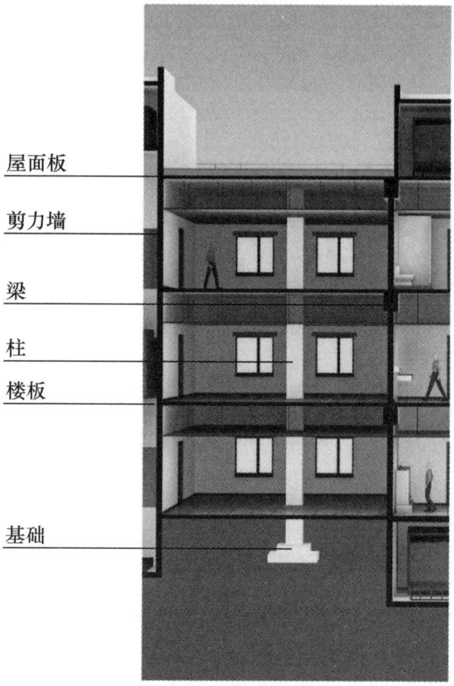

图 2-2　结构分系统

2.1.1　结构分系统定义

结构分系统是指建筑物中用来承受各种荷载的构件（如基础、梁、板、柱、剪力墙等），以及用来空间分隔的非承重构件（如隔墙等）连接而成的平面或空间体系。

节能降碳典型设计中，建筑设计中的节能降碳设计在结构分系统中体现。

2.1.2　结构分系统典型设计方案编制依据

结构分系统典型设计方案编制依据如下，未列出者按现行国家及当地的其他规程及文件执行。

（1）《工程结构可靠性设计统一标准》（GB 50153—2008）。

（2）《建筑结构可靠性设计统一标准》（GB 50068—2018）。

（3）《建筑工程抗震设防分类标准》（GB 50223—2008）。

（4）《建筑结构荷载规范》（GB 50009—2012）。
（5）《民用建筑可靠性鉴定标准》（GB 50292—2015）。
（6）《建筑抗震鉴定标准》（GB 50023—2009）。
（7）《危险房屋鉴定标准》（JGJ 125—2016）。
（8）《建筑抗震设计规范（附条文说明）（2016 年版）》（GB 50011—2010）。
（9）《混凝土结构设计规范（2015 年版）》（GB 50010—2010）。
（10）《砌体结构设计规范》（GB 50003—2011）。
（11）《钢结构设计规范（附条文说明 [另册]》（GB 50017—2017）。
（12）《建筑地基基础设计规范》（GB 50007—2011）。
（13）《建筑地基处理技术规范》（JGJ 79—2012）。
（14）《地下工程防水技术规范》（GB 50108—2008）。
（15）《建筑工程施工质量验收统一标准》（GB 50300—2013）。
（16）《建筑地基基础工程施工质量验收标准》（GB 50202—2018）。
（17）《混凝土结构工程施工质量验收规范》（GB 50204—2015）。
（18）《砌体结构工程施工质量验收规范》（GB 50203—2011）。
（19）《建筑结构加固工程施工质量验收规范》（GB 50550—2010）。
（20）《钢筋机械连接技术规程》（JGJ 107—2016）。
（21）《钢筋焊接及验收规程》（JGJ 18—2012）。
（22）《建筑抗震加固技术规程》（JGJ 116—2009）。
（23）《混凝土结构加固设计规范》（GB 50367—2013）。
（24）《碳纤维增强复合材料加固混凝土结构技术规程》（T/CECS 146—2022）。
（25）《混凝土结构后锚固技术规程》（JGJ 145—2013）。
（26）《混凝土结构加固构造》（13G311-1）。
（27）《混凝土结构加固构造（地基基础及结构整体加固改造）》（08SG311-2）。
（28）《砖混结构加固与修复》（15G611）。
（29）《钢筋混凝土结构预埋件》（16G362）。
（30）《混凝土后锚固连接》（14G308）。
（31）《喷射混凝土加固技术规程（附条文说明）》（CECS 161—2004）。
（32）《水泥基灌浆材料应用技术规范》（GB/T 50448—2015）。
（33）《建筑结构加固施工图设计表示方法》（07SG711-1）。
（34）《建筑结构加固施工图设计深度图样》（07SG711-2）。

（35）《混凝土结构施工图平面整体表示方法制图规则和构造详图（现浇混凝土框架、剪力墙、梁、板）》（22G101-1）。

（36）《混凝土结构施工图平面整体表示方法制图规则和构造详图（现浇混凝土板式楼梯》（22G101-2）。

（37）《混凝土结构施工图平面整体表示方法制图规则和构造详图（独立基础、条形基础、筏形基础、桩基础）》（22G101-3）。

2.1.3 结构分系统典型设计

由于国网北京市电力公司生产辅助房屋及其配套设备设施的设计年代普遍较早，因此加固改造后可以延续使用年限成为结构分系统典型设计方案的设计依据，其中 1993 年之前建成的用房延续使用年限不小于 30 年，1993—2003 年建成的用房延续使用年限不小于 40 年，2003 年及之后建成的用房延续使用年限不小于 50 年。

一、结构加固改造

结构分系统中包括基础、楼板、柱、梁、剪力墙、屋面板等，结构分系统是生产辅助房屋的基础，在节能减碳典型设计中，结构分系统主要涉及结构加固。国网北京市电力公司生产辅助房屋及其配套设备设施涉及结构加固改造的，其做法可参考表 2-1。

表 2-1　　生产辅助房屋及其配套设备设施结构加固改造做法

序号	做法名称	做法说明
1	增大截面加固法	（1）柱典型截面和做法：按照 13G311-1 第 21 页，四面围套，原柱截面尺寸按照 600mm×600mm，每边增大 100mm 变为 800mm×800mm，采用 C40 细石混凝土或灌浆料； （2）梁典型截面和做法：按照 13G311-1 第 65 页，三面围套，原梁尺寸按照 300mm×600mm，两侧每侧增大 50，梁底增大 200 变为 400mm×800mm，采用 C40 细石混凝土或灌浆料； （3）板典型做法：按照 13G311-1 第 113～115 页，采用板底（或板顶）增大截面法，增加厚度均为 50mm，配筋均为双向 8@200，拉筋为 8@600（植入楼板内 80mm），采用 C40 细石混凝土或灌浆料（此部分为增加内容）； （4）剪力墙典型做法：按照 13G311-1 第 45～48 页，采用单面加固，新增混凝土面层厚度为 60mm，其他均按 13G311-1 中的最小构造要求（此部分为增加内容）

续表

序号	做法名称	做法说明
2	外包型钢加固法	（1）柱典型截面和做法：按照 13G311-1 第 27 页，四面围套，构造做法按本页注； （2）梁典型截面和做法：按照 13G311-1 第 66 页，构造做法按本页注
3	粘贴钢板加固法	（1）梁典型截面和做法：按照 13G311-1 第 76 页，构造做法按本页注； （2）板典型做法：按照 13G311-1 第 118～119 页，采用定型扁钢，扁钢规格和间距为-200×4，间距为 400mm，全部扁钢采用锚栓进行附加锚固，锚栓规格取 M8，间距为 300mm，其他构造做法按本页注（此部分为增加内容）
4	粘贴纤维复合材加固法	（1）板典型截面和做法：按照 13G311-1 第 120、122 页，采用单层双层粘贴碳纤维，纤维强度等级为I级，构造做法按本页注； （2）梁典型截面和做法：按照 13G311-1 第 82 页，原梁尺寸按照 300mm×600mm，梁长 4m，梁底粘贴三层碳纤维，纤维强度等级为I级，采用 U 型纤维布箍（两侧各一米范围内，纤维布宽 100，间距 200），其他构造做法按本页注（此部分为增加内容）
5	钢筋混凝土面层加固法	砌体承重墙典型截面和做法 按照 15G611 第 37～44 页改造做法实施
6	钢筋网水泥砂浆面层加固法	砌体承重墙典型截面和做法 按照 15G611 第 37～44 页改造做法实施
7	钢绞线网-聚合物砂浆面层加固法	砌体承重墙典型截面和做法 按照 15G611 第 37～44 页改造做法实施
8	增设砌体扶壁柱加固法	砌体承重墙典型截面和做法 按照 15G611 第 37～44 页改造做法实施
9	增设混凝土壁柱或面层组合柱加固法	砌体承重墙典型截面和做法 按照 15G611 第 37～44 页改造做法实施
10	门窗洞口封堵加固法	砌体承重墙典型截面和做法 按照 15G611 第 37～44 页改造做法实施
11	砖过梁加固法	砌体承重墙典型截面和做法 按照 15G611 第 37～44 页改造做法实施
12	墙体新增洞口加固	砌体承重墙典型截面和做法 按照 15G611 第 37～44 页改造做法实施
13	扩大基础	扩大基础典型做法 按照 15G611 第 27 页，每侧加宽 500mm，高度按图中所示

续表

序号	做法名称	做法说明
14	增设抗震墙加固	典型做法 增加抗震墙均为200mm厚，双层双向　10@200，拉筋6@600×600，梅花拉
15	外加构造柱加固	典型做法 按照15G611第115～121页
16	外加圈梁加固	典型做法 按照15G611第122～132页

二、建筑设计

建筑设计是建筑节能降碳设计中的重要环节，北京公司生产辅助房屋新建、改建和改造过程中，建筑设计应符合以下规定。

（1）新建建筑群及建筑的总体规划应为可再生能源利用创造条件，并应有利于冬季增加日照和降低冷风对建筑影响，夏季增强自然通风和减轻热岛效应。

（2）新建、扩建和改建建筑以及既有建筑节能改造均应进行建筑节能设计。建设项目可行性研究报告、建设方案和初步设计文件应包含建筑能耗、可再生能源利用及建筑碳排放分析报告，施工图设计文件应明确建筑节能措施及可再生能源利用系统运营管理的技术要求。

（3）建筑体型系数应符合表2-2中的规定。

表2-2　　建筑体型系数

单栋建筑面积 A/m^2	建筑体型系数
300＜A≤800	≤0.50
A＞800	≤0.40

（4）甲类公共建筑的屋面透光部分面积不应大于屋面总面积的20%。

（5）当公共建筑入口大堂采用全玻璃墙时，全玻璃墙中非中空玻璃的面积不应超过该建筑同一立面透光面积（门窗和玻璃幕墙）的15%，且应按同一立面透光面积（含全玻璃墙面积）加权计算平均传热系数。

（6）公共建筑中主要功能房间的外窗（包括透光幕墙）应设置可开启窗扇或通风换气装置。

（7）公共建筑宜采用遮阳措施。

2.2　围护（含室外）分系统

围护（含室外）分系统如图 2-3 所示。

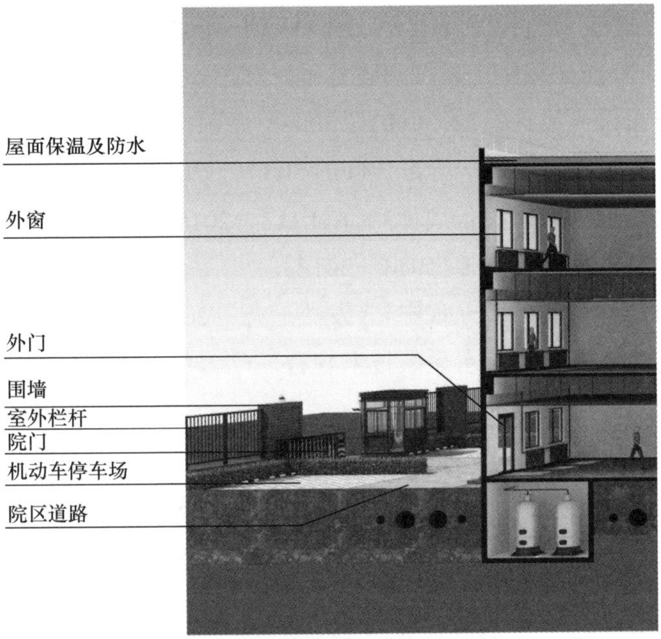

图 2-3　围护（含室外）分系统

2.2.1　围护（含室外）分系统定义

围护（含室外）分系统是指由建筑物屋面、外立面等外围护构件和围墙、场坪道路等室外辅助工程组合形成的用于划分建筑物内外部边界、发挥使用功能的综合系统。

2.2.2　围护（含室外）分系统典型设计方案编制依据

围护（含室外）分系统典型设计方案编制依据如下，未列出者按现行国家及当地的其他规程及文件执行。

（1）《建筑设计防火规范（2018 年版）》（GB 50016—2014）。

（2）《汽车库、修车库、停车库设计防火规范》（GB 50067—2014）。

（3）《民用建筑设计统一标准》（GB 50352—2019）。

（4）《车库建筑设计规范》（JGJ 100—2015）。

（5）《办公建筑设计标准》（JGJ/T 67—2019）。

（6）《无障碍设计规范》（GB 50763—2012）。

（7）《公共建筑节能设计标准》（DB 11/687—2015）。

（8）《居住建筑节能设计标准》（DB 11/891—2020）。

（9）《建筑节能工程施工质量验收标准》（GB 50411—2019）。

（10）《建筑采光设计标准》（GB/T 50033—2013）。

（11）《房屋建筑制图统一标准》（GB 50001—2017）。

（12）《建筑玻璃应用技术规程》（JGJ 113—2015）。

（13）《中空玻璃》（GB/T 11944—2012）。

（14）《建筑安全玻璃管理规定》（发改运行〔2003〕2116 号）。

（15）《建筑屋面雨水排水系统技术规程》（CJJ142—2014）。

2.2.3 围护（含室外）分系统典型设计

围护（含室外）分系统中包括屋面子系统、地下室防水子系统、外立面子系统及场坪道路子系统等。其中，地下室防水子系统中各项内容与节能减碳无直接关联，因此本次典型设计中不涉及地下室防水子系统。国网北京市电力公司生产辅助房屋及其配套设备设施涉及屋面子系统、外立面子系统及场坪道路子系统。

围护（含室外）分系统典型设计改造做法见表 2-3。

表 2-3　　围护（含室外）分系统典型设计改造做法

序号	做法名称	用料及分层做法	厚度/mm	选用/参考标准图集及做法
1	不上人屋面（正置式）	（1）保护层（上层卷材自带页岩片）； （2）3+3mm 厚 SBS 高聚物改性沥青防水卷材，聚酯胎 I 型； （3）20mm 厚 DS 砂浆找平层； （4）最薄 30mm 厚 LC5.0 干拌复合轻集料混凝土找坡层，向雨水口找 2%坡； （5）95mm 厚 B1 级挤塑聚苯板保温层； （6）钢筋混凝土屋面板，随打随抹压光（翻修项目即为原有屋面，表面清理干净，找平）	最薄处 151	GB 50001—2017

续表

序号	做法名称	用料及分层做法	厚度/mm	选用/参考标准图集及做法
2	地砖面上人屋面（正置式）	（1）8～10mm 厚防滑地砖铺平拍实，缝宽 5～8mm，1∶1 水泥砂浆填缝，5～7mm 厚 DTA 砂浆铺卧； （2）40mm 厚 C20 混凝土，内配 ϕ4@150 双层钢筋网（钢筋网在分格处断开），每 6m×6m 分缝，缝宽 10mm，缝内下部填憎水膨珠砂浆，上部填密封膏； （3）0.4mm 厚聚氯乙烯塑料薄膜隔离层； （4）3+3mm 厚 SBS 高聚物改性沥青防水卷材，聚酯胎 I 型； （5）20mm 厚 DS 砂浆找平层； （6）最薄 30mm 厚 LC5.0 干拌复合轻集料混凝土找坡层，向雨水口找 2%坡； （7）95mm 厚 B1 级挤塑聚苯板保温层； （8）钢筋混凝土屋面板，随打随抹压光（翻修项目即为原有屋面，表面清理干净，找平）	最薄处 208	GB 50001—2017
3	琉璃瓦屋面	（1）琉璃瓦用 20mm 厚 1∶1∶4 水泥石灰砂浆加水泥重的 3%麻刀卧铺； （2）20mm 厚 DS 砂浆，内压入 1.0mm 厚钢板网，菱孔 15mm×40mm，搭接处用 18 号镀锌钢丝绑扎，并与预埋 ϕ10mm 钢筋，头绑牢； （3）90mm 厚增强玻璃纤维板用 DEA 粘贴； （4）1.5mm 厚水泥基防水涂料一道； （5）钢筋混凝土屋面板，预埋 ϕ10 钢筋头，露出屋面 80mm，中距双向 900mm（预制板时可在板缝内预埋）	—	JGJ113—2015
4	仿水泥瓦外形 彩板瓦屋面	（1）0.6mm 厚仿水泥瓦外形彩色涂层钢板瓦； （2）25mm×25mm×1.5mm 镀锌薄钢管挂瓦条，中距 350； （3）25mm×25mm×1.5mm 镀锌薄钢管顺水条，中距 900mm 与预埋的 ϕ8 钢筋焊； （4）90mm 厚增强玻璃纤维板用 DEA 粘贴； （5）1.5mm 厚水泥基防水涂料一道； （6）钢筋混凝土屋面板，预埋 ϕ8 钢筋伸出屋面 80mm，双向中距 900mm	—	CJJ142—2014

一、屋面子系统典型设计

甲类公共建筑的屋面透光部分面积不应大于屋面总面积的 20%。

甲类公共建筑围护结构热工性能限值见表 2-4。

表 2-4　　　　　　　　甲类公共建筑围护结构热工性能限值

围护结构部位		体形系数≤0.30	0.30≤体形系数≤0.50
		传热系数 *K*/W/（m^2·K）	
屋面		≤0.30	≤0.25
外墙（包括非透光幕墙）		≤0.38	≤0.35
底面基础室外空气的架空或外挑楼板		≤0.38	≤0.35
地下车库与供暖房间之间的楼板		≤0.70	≤0.70
非供暖楼梯间与供暖房间之间的隔墙		≤1.00	≤1.00
单一立面外窗（包括透光幕墙）	窗墙面积比≤0.20	≤2.70	≤2.50
	0.20≤窗墙面积比≤0.30	≤2.40	≤2.00
	0.30≤窗墙面积比≤0.40	≤2.10	≤1.90
	0.40≤窗墙面积比≤0.50	≤1.70	≤1.60
	0.50≤窗墙面积比≤0.60	≤1.50	≤1.50
	0.60≤窗墙面积比≤0.70	≤1.50	≤1.50
	0.70≤窗墙面积比≤0.80	≤1.40	≤1.40
	窗墙面积比＞0.80	≤1.30	≤1.20
屋顶透光部分（屋顶透光部分面积≤20%）		≤2.30	
围护结构部分		保温材料层热阻 *R*/（m^2·K）/W	
周边地面		≥1.10	
供暖地下室与土壤接触的外墙		≥1.50	
变形缝（两侧墙内保温时）		≥1.20	

乙类公共建筑围护结构热工性能限值见表 2-5。

表 2-5　　　　　　　　乙类公共建筑围护结构热工性能限值

围护结构部位	传热系数 *K*/W/（m^2·K）
屋面	≤0.45
外墙（包括非透光幕墙）	≤0.50
底面基础室外空气的架空或外挑楼板	≤0.50
地下车库与供暖房间之间的楼板	≤0.70
非供暖楼梯间与供暖房间之间的隔墙	≤1.00
单一立面外窗（包括透光幕墙）	≤2.20

二、地下室防水子系统

地下室防水用料及做法见表 2-6。

表 2-6　　　　地下室防水用料及做法

编号	做法名称	用料及分层做法	厚度/mm	选用/参考标准图集及做法
B-02-01-01 地防	地下室底板防水	（1）防水混凝土地下室底板； （2）50mm 厚 C20 细石混凝土保护层； （3）干铺 200g/m² 无纺聚酯纤维布一层； （4）双层柔性防水卷材（详见设计）； （5）100mm 厚 C20 细石混凝土垫层，随打随抹光； （6）素土夯实，压实系数按结构要求	—	12BJ1-1 页次 F19
B-02-01-02 侧防	地下室外墙防水	（1）回填土（800mm 宽范围内用 2∶8 灰土回填，分层夯实）； （2）60mm 厚容重 22kg/m³ 膨胀聚苯板保温保护层； （3）双层柔性防水卷材（详见设计）； （4）20mm 厚 DS 砂浆找平层； （5）防水混凝土地下室外墙	—	12BJ1-1 地外温 1
B-02-01-03 顶防	地下室顶板防水（耐根穿刺）	（1）种植介质或硬质铺装（详见景观二次设计）； （2）土工布过滤层，沿墙上翻 100mm 高，端部通长用粘接剂粘 50mm 高； （3）30 高塑料（或橡胶）排水凸片，凸点向上 （4）70mm 厚 C20 细石混凝土保护层，内配双向 $\phi 6@200$ 钢筋网片； （5）1.2mm 厚高密度聚乙烯土工膜耐根穿刺防水隔离层； （6）双层柔性防水卷材（详见设计）； （7）20mm 厚 DS 砂浆找平层	—	12BJ1-1 页次 F19
B-02-01-03 顶防	地下室顶板防水（耐根穿刺）	（1）最薄 40mm 厚加气碎块混凝土找 2%坡，厚度超过 120mm 时，先铺干加气碎块震压拍实，再覆 50mm 厚加气碎块混凝土； （2）防水混凝土地下室顶板	—	12BJ1-1 页次 F19
B-02-01-04 池防	环氧树脂防水涂料防水	（1）3 道反应型环氧树脂防水涂料，厚度≥2.0mm； （2）20mm 厚 DS 砂浆找平层； （3）自防水钢筋混凝土结构池壁/底板（池壁外用 20mm 厚 DS 砂浆找平）	22	—
B-02-01-05 坑防	防水涂料防水	（1）18mm 厚 DS 砂浆找平层； （2）1.5mm 厚聚合物水泥基防水涂料，坑底及侧壁满刷； （3）钢筋混凝土集水坑/电梯坑底板及内壁，随打随抹光	20	—
B-02-01-06 卷材	自粘型防水卷材	3mm 厚双面自粘防水卷材+1.5mm 厚单面自粘防水卷材（推荐使用）	—	—
B-02-01-07 卷材	传统防水卷材	3+3mm 厚 SBS 高聚物改性沥青防水卷材，聚酯胎 I 型	—	—

三、外立面子系统典型设计

（一）外墙

外墙设计用料及做法见表 2-7。

表 2-7 外墙设计用料及做法

编号	做法名称	用料及分层做法	厚度/mm	选用/参考标准图集及做法
1	涂料墙面	（1）喷（或刷）仿石面涂料； （2）喷仿石底涂料； （3）着色剂； （4）刷封底涂料增强粘结力； （5）14mm 厚 DP-HR 抹平	18	12BJ1-1 外墙 8D
2	陶土砖外墙	（1）6～8mm 厚陶土面砖，DTA 砂浆粘贴，DTG 砂浆勾缝； （2）抹 4～6mm 厚 DBI 砂浆，内压入一层耐碱玻纤网格布； （3）DEA 砂浆条形满粘 70mm 厚挤塑聚苯板保温层； （4）基层墙体墙面，表面用 5～10mm 厚 DP 砂浆找平； （5）DP-HR 砂浆勾实接缝，修补墙面，拉毛	—	12BJ2-11 外墙 A1M
3	复合铝塑板外墙	（1）按幕墙高度安装配套不锈钢挂件，由幕墙公司深化设计； （2）刮柔性耐水腻子； （3）6mm 厚抹面胶浆分遍抹压，中间压入一层耐碱玻璃纤维网布； （4）80mm 厚 TR7.5 岩棉板（憎水率≥98%），板两表面及侧面涂刷界面剂，配套胶粘剂粘贴，辅以锚栓锚固岩棉板； （5）墙体固定连接件及竖向龙骨； （6）基层墙体，15mm 厚 DS 砂浆找平	—	12BJ2-11 外墙 B1M

新建和改造生产辅助房屋的外墙除满足上述典型设计之外，还需符合国家现行有关建筑节能改造标准的规定，满足《公共建筑节能改造技术规范》（JGJ 176—2009）的相关要求。

（二）门窗幕墙

门窗幕墙设计用料及做法见表 2-8。

表 2-8　**门窗幕墙设计用料及做法**

序号	做法名称	用料及做法
1	外门窗	所有外窗均采用断桥铝型材中空玻璃窗，抗风压性能不小于 4 级，气密性不小于 6 级，水密性不小于 3 级。窗玻璃为 6 无色+12A+6 无色，综合传热系数为 2.4W/（m^2·K）。窗开启方式为外平开，外窗开启部分安装卷轴式纱扇，局部外窗采用磨砂玻璃，以防视线干扰。 （1）中空玻璃单片厚度应符合《建筑玻璃应用技术规程》（JGJ113—2015）的有关规定，间隔层为空气层；单一朝向外窗的窗墙比小于或等于 0.20，K 小于 2.4，无太阳得热系数的要求； （2）外窗气密性能不应低于《建筑外门窗气密、水密、抗风压性能检测方法》（GB/T7106—2019）的 6 级水平； （3）卫生间外窗选用磨砂玻璃
2	内门窗	（1）防火门须满足《防火门》（GB 12955—2008）的要求； （2）强弱电等机房及防火墙上的门，须采用甲级防火门，管道竖井门为两级防火门； （3）防火门均安装闭门器，双扇防火门均安装顺序器； （4）常开防火门须有自行关闭和信号反馈装置； （5）内门一般选用木门，防火门选用木质防火门。办公室木门隔声量应大于 25dB
3	幕墙	（1）幕墙窗及玻璃幕墙的设计、制作和安装应执行《玻璃幕墙工程技术规范》（JGJ102—2003），金属幕墙的设计、制作和安装应执行《金属与石材幕墙工程技术规范》（JGJ133—2001）； （2）玻璃幕墙厚度控制在 300mm 内。玻璃幕墙采用框架幕墙系统，PA 断桥铝合金框料氟碳喷涂饰面［K_f=5.8W/（m^2·K），框面积 20%］，Low-E 中空钢化玻璃，传热系数 1.8W/（m^2·K），太阳得热系数 0.39，可见光透射比 0.71。玻璃幕墙整体性气密性能不低于《建筑幕墙》（GB/T21086—2007）中规定的 3 级，所有玻璃幕墙可见光反射比均不大于 0.16； （3）幕墙形式、分格、颜色、玻璃类型和材料及开启的要求，应综合考虑外观效果、经济性、对外关系等

四、场坪道路子系统

（一）散水

散水设计用料及做法见表 2-9。

表 2-9　**散水设计用料及做法**

编号	做法名称	用料及分层做法	厚度/mm	选用/参考标准图集及做法
1 散	明散水	（1）60mm 厚 C15 混凝土面层，撒 1∶1 水泥砂子压实赶光，外边缘距结构外墙外皮 900mm； （2）150mm 厚 3∶7 灰土； （3）素土夯实，向外坡 4%	210	12BJ1-1 散 1
2 散	暗散水	（1）200～300mm 厚种植土植草皮，雨水管底部需设成品水簸箕； （2）60mm 厚 C15 混凝土，外边缘距结构外墙外皮 900mm； （3）素土夯实，向外坡 4%； （4）外墙室外地坪以下满刷 1.5mm 厚聚合物水泥基防水涂料	60	12BJ1-1 散 3

（二）坡道

坡道设计用料及做法见表 2-10。

表 2-10　坡道设计用料及做法

编号	做法名称	用料及分层做法	厚度/mm	选用/参考标准图集及做法
1 坡	细石混凝土坡道面层凹线处理（无底板）	（1）60mm 厚 C25 细石混凝土面层留出横向凹槽； （2）100mm 厚 C15 混凝土； （3）300mm 厚 3∶7 灰土分两步夯实； （4）素土夯实	460	12BJ1-1 坡 5A
2 坡	细石混凝土坡道面层凹线处理（带底板）	（1）60mm 厚 C25 细石混凝土面层，横向预留凹槽； （2）素水泥浆一道（内掺界面型建筑胶）； （3）钢筋混凝土坡道板	60	12BJ1-1 坡 12B

（三）台阶

台阶设计用料及做法见表 2-11。

表 2-11　台阶设计用料及做法

编号	做法名称	用料及分层做法	厚度/mm	选用/参考标准图集及做法
1 台	水泥砂浆抹面台阶	（1）20mm 厚干拌砂浆 DS 砂浆抹面压光； （2）60mm 厚 C15 混凝土； （3）300mm 厚 3∶7 灰土分两步夯实； （4）素土夯实	380	12BJ1-1 台 1A
2 台	广场砖台阶	（1）18mm 厚广场砖，缝宽 10mm，DS 砂浆填缝； （2）20mm 厚 DS 干拌砂浆； （3）60mm 厚 C15 混凝土； （4）300mm 厚 3∶7 灰土分两步夯实； （5）素土夯实	398	12BJ1-1 台 3A

（四）场坪路面

场坪路面设计用料及做法见表 2-12。

表 2-12　场坪路面设计用料及做法

编号	做法名称	用料及分层做法	厚度/mm	选用/参考标准图集及做法
1 路	沥青混凝土路面	（1）40mm 厚细粒式沥青混凝土面层 AC-10C； （2）60mm 厚中粒式沥青混凝土面层 AC-16I； （3）300mm 厚石灰、粉煤灰、碎石基层（无机料）； （4）150mm 厚 15%石灰土垫层； （5）路基碾实，压实系数≥0.93	550	—

续表

编号	做法名称	用料及分层做法	厚度/mm	选用/参考标准图集及做法
2 路	透水砖路面（行车荷载≤5t）	（1）80mm 厚透水路面砖，粗砂扫缝，洒水封缝； （2）30mm 厚 DS 干拌砂浆； （3）100mm 厚 C20 无砂大孔混凝土基层（浇筑前先将级配砂石垫层用水湿润）； （4）300mm 厚天然级配砂石碾实； （5）路基碾实，压实系数≥0.93	510	12BJ1-1 路 1
3 路	透水砖路面（行车荷 5～8t）	（1）80mm 厚透水路面砖，粗砂扫缝，洒水封缝； （2）30mm 厚 DS 干拌砂浆； （3）130mm 厚 C20 无砂大孔混凝土基层（浇筑前先将级配砂石垫层用水湿润）； （4）300mm 厚天然级配砂石碾实； （5）路基碾实，压实系数≥0.93	540	12BJ1-1 路 3
4 路	透水砖路面（人行）	（1）60mm 厚透水路面砖，粗砂扫缝，洒水封缝； （2）30mm 厚 DS 干拌砂浆； （3）200mm 厚无级配碎石碾实； （4）素土夯实	290	12BJ1-1 路 7
5 路	混凝土整体路面	（1）220mm 厚 C25 混凝土面层分块捣制，随打随抹平，每块长度不大于 6m，缝宽 20mm，沥青砂子或沥青处理，松木条嵌缝； （2）300mm 厚 3∶7 灰土，分两步夯实； （3）路基碾压，压实系数>0.93	520	12BJ1-1 路 12
6 路	嵌草水泥砖路面	（1）80mm 厚 C20 混凝土预制嵌草水泥砖，砖孔及砖缝处填种植土，内掺草籽； （2）30mm 厚黄土粗砂（砂∶土=1∶1）； （3）150mm 厚碎石碾压密实； （4）300mm 厚 3∶7 灰土（分两步夯实）； （5）路基碾实，压实系数≥0.93	560	12BJ1-1 路 27

（五）栏杆

栏杆设计用料及做法见表 2-13。

表 2-13　　栏杆设计用料及做法

编号	做法名称	用料及做法	高度/mm	选用/参考标准图集及做法
1 栏杆	不锈钢栏杆	页次 28、样式 A7；页次 72、样式 F7	详见设计	08BJ7-1
2 栏杆	金属铁艺栏杆	页次 86～87、样式 T1～T21（业主自选）	详见设计	08BJ7-1

（六）自行车车棚

自行车车棚设计用料及做法见表 2-14。

表 2-14　　自行车车棚设计用料及做法

编号	做法名称	用料及做法
1	钢结构组合阳光板	样式由业主自选； 宜充分利用自行车车棚的棚顶面积，加装太阳能光伏发电板，用于电动自行车充电或其他用途

2.3　装饰装修分系统

装饰装修分系统如图 2-4 所示。

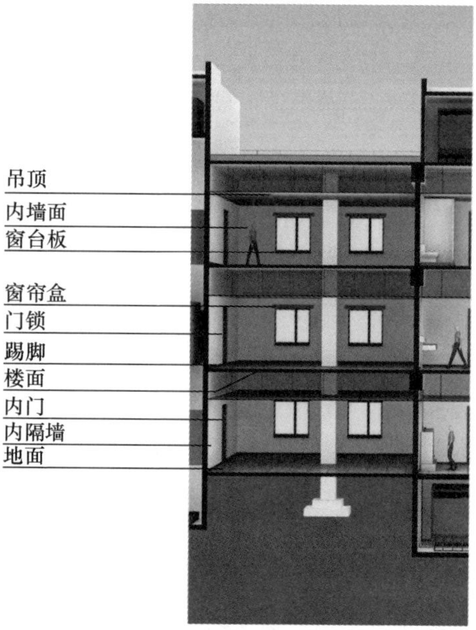

图 2-4　装饰装修分系统

2.3.1　装饰装修分系统定义

装饰装修分系统是指为保护建筑物的主体结构、完善建筑物的使用功能和装饰建筑物，采用装饰装修材料或饰物，对建筑物的内墙面、楼地面、吊顶、隔墙、门窗及细部等进行的各种内表面装潢。

2.3.2　装饰装修分系统典型设计方案编制依据

装饰装修分系统典型设计方案编制依据如下，未列出者按现行国家及当地的其他规程及文件执行。

（1）《建筑设计防火规范（2018 年版）》（GB 50016—2014）。

（2）《汽车库、修车库、停车库设计防火规范》（GB 50067—2014）。

（3）《民用建筑设计统一标准》（GB 50352—2019）。

（4）《车库建筑设计规范》（JGJ100—2015）。

（5）《办公建筑设计规范》（JGJ/T67—2019）。

（6）《党政机关办公用房建设标准》（发改投资〔2014〕2674 号）。

（7）《中央国家机关办公用房维修标准》（国管房地〔2004〕85 号）。

（8）《房屋建筑制图统一标准》（GB 50001—2017）。

（9）《无障碍设计规范》（GB 50763—2012）。

（10）北京市《公共建筑节能设计标准》（DB11/687—2015）。

（11）北京市《居住建筑节能设计标准》（DB11/891—2020）。

（12）《建筑节能工程施工质量验收标准》（GB 50411—2019）。

不同分类等级的装饰装修分系统装饰装修标准可参考表 2-15，一类、二类、三类办公用房、培训中心、独立车库中不同的房间或部位的装饰装修分系统装饰装修选用标准可参考表 2-16。

表 2-15　　装饰装修分系统装饰装修标准

分类	装修标准
基本装修	选用建筑所在地区经济型普通装修材料或构配件； 内墙面采用乳胶漆，普通涂料； 吊顶采用无吊顶形式采用涂料、矿棉板吊顶、石膏板吊顶等； 地面采用水泥砂浆地面、普通地砖、普通地胶板、普通复合地板、防静电地板等； 隔墙采用砌块式、土砖或轻质砖、普通骨架式隔墙等； 门窗采用普通复合木门、普通铝合金门、普通玻璃门、塑钢门等
中级装修	选用建筑所在地区中等价位的装修材料或构配件； 内墙面采用中档国产墙纸、中档装饰板、装饰砖、普通石材、吸音板等； 吊顶采用中档 PVC 板吊顶、硅钙板吊顶、铝板吊顶等； 地面采用复合地板、中档地砖、板材、普通石材等、普通方毯等； 隔墙采用骨架式轻质隔墙等； 门窗采用中档实木复合门，中档铝合金门，中档玻璃门等

注：同等档次室内装修材料，提倡采用新型环保节能材料。

表 2-16　　　　装饰装修分系统装饰装修选用标准

一、办公用房				
房间或部位		一类用房	二类用房	三类用房
办公室	一般工作人员办公室	基本	基本	基本
	领导人员办公室	中高级或中级	中级	中级或基本
服务用房	会议室、接待室	中高级或中级	中级	中级或基本
	其他用房	基本	基本	基本
配套设施用房		基本	基本	基本
附属用房		基本	基本	基本
主入口门厅及电梯厅		中高级或中级	中级	中级或基本
二、培训中心				
房间或部位		一类用房	二类用房	三类用房
行政办公用房		中级或基本	中级或基本	基本
教学楼、实训楼教室		中级或基本	基本	基本
展示厅、报告厅		中级	中级	基本
运动场馆		中级或基本	中级或基本	基本
学员宿舍		基本	基本	基本
配套设施用房		基本	基本	基本
其他用房		基本	基本	基本
三、独立车库				
房间或部位		一类用房	二类用房	三类用房
车库用房		基本	基本	基本

注：一类、二类、三类用房的划分原则参照《国家电网公司小型基建项目建设标准》（Q/GDW11382）。

2.3.3 装饰装修分系统典型设计

一、楼地面子系统典型设计

（一）地面做法

地面设计用料及做法见表 2-17。

表 2-17　　　　地面设计用料及做法

编号	做法名称	用料及分层做法	厚度/mm	选用/参考标准图集及做法
1	水泥地面（无防潮）	（1）20mm 厚 DS 干拌砂浆抹面压实赶光； （2）100mm 厚 C15 混凝土垫层； （3）素土夯实，压实系数≥0.90	120	12BJ1-1 地 3A

续表

编号	做法名称	用料及分层做法	厚度/mm	选用/参考标准图集及做法
2	水泥地面（带防水）	（1）20mm 厚 DS 干拌砂浆压实赶光； （2）35mm 厚 C20 细石混凝土随打随抹； （3）1.5mm 厚聚合物水泥基防水涂料； （4）最薄处 30mm 厚 C15 细石混凝土，从门口处向地漏找 1%坡，四周及管根部位用 DS 砂浆抹小八字角； （5）60mm 厚 C15 混凝土垫层； （6）素土夯实，压实系数 0.90	147	12BJ1-1 地 3F
3	耐磨环氧地面（无溶剂自流平）	（1）1.5～5mm 厚无溶剂环氧自流平涂层； （2）腻子（根据具体情况选用）； （3）80mm 厚 C20 细石混凝土随打随抹压实赶光； （4）60mm 厚 C15 混凝土； （5）素土夯实，压实系数≥0.90	145	12BJ1-1 地 4C
4	铺地砖地面	（1）10mm 厚防滑地砖/仿石地砖，DTG 擦缝； （2）5mm 厚 DTA 砂浆粘接层； （3）20mm 厚 DS 干拌砂浆找平层； （4）100mm 厚 C15 混凝土； （5）素土夯实，压实系数≥0.90	135	12BJ1-1 地 12
5	强化复合木地板地面	（1）12mm 厚企口强化复合木地板，榫槽、榫舌及尾部满涂胶液挤严后铺设； （2）3mm 厚泡沫塑料衬垫； （3）45mm 厚 C20 细石混凝土随打随抹平； （4）1.5mm 厚聚合物水泥基防水涂料； （5）60mm 厚 C15 混凝土； （6）素土夯实，压实系数≥0.90	122	12BJ1-1 地 24A
6	活动地板地面	（1）360 架空活动地板； （2）10mm 厚 1∶2.5 水泥彩色石子地面磨光打蜡； （3）20mm 厚 1∶2.5 水泥砂浆找平层，干后卧铜条分格（铜条打眼穿 22 号镀锌低碳钢丝握牢，每米 4 眼）； （4）素水泥浆 1 道（内掺建筑胶）； （5）1.5mm 厚聚合物水泥基防水涂料； （6）100mm 厚 C15 混凝土； （7）素土夯实，压实系数≥0.90	490	12BJ1-1 地 42A 地 47A

续表

编号	做法名称	用料及分层做法	厚度/mm	选用/参考标准图集及做法
7	低温热水地板辐射采暖地面	（1）面层（由建设单位确定）； （2）C15 细石混凝土垫层随打随抹平，加热管上皮最薄处≥30mm 厚，沿外墙内侧贴 20mm×50mm 宽挤塑聚苯板保温层，高与垫层上皮平； （3）铺 18 号镀锌低碳钢丝网，用扎带与加热管绑牢（用固定卡子固定时无此道工序）； （4）铺真空镀铝聚酯薄膜（或铺玻璃布基铝箔贴面层）绝缘层； （5）40mm 厚挤塑聚苯板保温层； （6）1.5mm 厚聚合物水泥基防水涂料； （7）100mm 厚 C15 混凝土随打随抹平； （8）素土夯实，压实系数≥0.90	—	12BJ1-1 地 48A
8	低温热水地板辐射采暖防水地面	（1）面层（由建设单位确定）； （2）30mm 厚 DS 干拌砂浆保护层； （3）1.5mm 厚单组份聚氨酯涂膜防水层，四周上翻墙柱 300 高； （4）C15 细石混凝土垫层随打随抹平，从门口向地漏找 1%坡（无地漏时不找坡），加热管上皮最薄处≥30mm 厚，沿外墙内侧贴 20mm×60mm 宽聚苯乙烯泡沫塑料保温层，高与垫层上皮平； （5）铺 18 号镀锌低碳钢丝网，用扎带与加热管绑牢（用固定卡子固定时无此道工序）； （6）铺真空镀铝聚酯薄膜（或铺玻璃布基铝箔贴面层）绝缘层	—	12BJ1-1 地 48F （用于卫生间）
9	低温热水地板辐射采暖防水地面	（1）40mm 厚挤塑聚苯板保温层； （2）1.5mm 厚聚合物水泥基防水涂料； （3）100mm 厚 C15 混凝土随打随抹平； （4）素土夯实，压实系数≥0.90	—	12BJ1-1 地 48F （用于卫生间）

（二）楼面做法

楼面设计用料及做法见表 2-18。

表 2-18　　楼面设计用料及做法

序号	做法名称	用料及分层做法	厚度/mm	选用/参考标准图集及做法
1	水泥楼面	（1）20mm 厚 DS 干拌砂浆压实赶光； （2）最薄 30mm 厚 LC5.0 干拌复合轻集料混凝土垫层（垫层厚度根据具体工程条件调整确定）； （3）钢筋混凝土楼板	—	12BJ1-1 楼 3A-3

续表

序号	做法名称	用料及分层做法	厚度/mm	选用/参考标准图集及做法
2	水泥楼面（带防水）	（1）20mm 厚 DS 干拌砂浆压实赶光； （2）1.5mm 厚聚合物水泥基防水涂料，四周上翻墙柱 300mm 高； （3）最薄处 28mm 厚 C20 细石混凝土，从门口处向地漏找 1%坡； （4）现浇钢筋混凝土楼板	—	12BJ1-1 楼 3F （用于水泵房等设备用房）
3	环氧楼面（无溶剂自流平）	（1）5mm 厚无溶剂环氧自流平涂层； （2）腻子； （3）85mm 厚 C20 细石混凝土随打随抹平； （4）钢筋混凝土楼板	—	12BJ1-1 楼 4C
4	铺地砖楼面	（1）10mm 厚防滑地砖/仿石地砖，DTG 擦缝； （2）5mm 厚 DTA 砂浆粘结层； （3）25mm 厚 DS 干拌砂浆找平层； （4）最薄 30mm 厚 LC5.0 干拌复合轻集料混凝土垫层（垫层厚度根据具体工程条件调整确定）； （5）钢筋混凝土楼板	—	12BJ1-1 楼 12A-2
5	铺地砖楼面（防水）	（1）10mm 厚防滑地砖/仿石地砖，DTG 擦缝； （2）5mm 厚 DTA 砂浆粘接层； （3）20mm 厚 DS 干拌砂浆找平层； （4）1.5mm 厚聚合物水泥基防水涂料，四周上翻墙柱 300mm 高； （5）最薄 35mm 厚 C15 细石混凝土垫层向地漏找 1%坡，随打随抹平，四周边及竖管根部 DS 干拌砂浆抹成小八字角； （6）钢筋混凝土楼板	—	12BJ1-1 楼 12F-2 （用于卫生间、淋浴间、厨房）
6	强化复合木地板楼面	（1）8mm 厚强化复合木地板，榫槽、榫舌及尾部满涂胶液挤严铺设； （2）5mm 厚泡沫塑料衬垫； （3）20mm 厚 DS 干拌砂浆找平层； （4）最薄 30mm 厚 LC5.0 干拌复合轻集料混凝土垫层（垫层厚度根据具体工程条件调整确定）； （5）钢筋混凝土楼板	—	12BJ1-1 楼 24A-2
7	防静电全钢活动地板楼面	（1）280mm 高全钢防静电架空活动地板； （2）20mm 厚 DS 干拌砂浆压实抹平； （3）现浇钢筋混凝土楼板	300	12BJ1-1 楼 43B （用于机房架空楼面）

续表

序号	做法名称	用料及分层做法	厚度/mm	选用/参考标准图集及做法
8	低温热水地板辐射采暖楼面	（1）面层（由建设单位确定）； （2）C20 细石混凝土垫层随打随抹平，加热管上皮最薄处≥30mm 厚； （3）沿外墙内侧贴 20mm×50mm 聚苯乙烯泡沫塑料保温层，高于垫层上皮平； （4）铺 18 号镀锌低碳钢丝网，用扎带与加热管绑牢（用固定卡子固定时无此道工序）； （5）铺真空镀铝聚酯薄膜（或铺玻璃布基铝箔贴面层）绝缘层； （6）20mm 厚挤塑聚苯板保温层； （7）10mm 厚 DS 干拌砂浆找平层； （8）钢筋混凝土楼板	—	12BJ1-1 楼 48A
9	低温热水地板辐射采暖防水楼面	（1）面层（由建设单位确定）； （2）30mm 厚 DS 干拌砂浆保护层； （3）1.5mm 厚单组份聚氨酯涂膜防水层，四周上翻墙柱 300mm 高； （4）C15 细石混凝土垫层随打随抹平，从门口向地漏找 1%坡（无地漏时不找坡），加热管上皮最薄处≥30 厚； （5）沿外墙内侧贴 20mm×60mm 宽聚苯乙烯泡沫塑料保温层，高于垫层上皮平； （6）铺 18 号镀锌低碳钢丝网，用扎带与加热管绑牢（用固定卡子固定时无此道工序）； （7）铺真空镀铝聚酯薄膜（或铺玻璃布基铝箔贴面层）绝缘层； （8）20mm 厚挤塑聚苯板保温层； （9）10mm 厚 DS 干拌砂浆找平层； （10）钢筋混凝土楼板	—	12BJ1-1 楼 48F

二、隔墙子系统典型设计

隔墙子系统典型设计用料及做法见表 2-19。

表 2-19　　隔墙子系统设计用料及做法

序号	做法名称	用料及分层做法	厚度/mm	选用/参考标准图集及做法
1	轻钢龙骨石膏板隔墙	（1）12mm 厚纸面石膏板面层，用自攻螺钉固定在钢龙骨上，间距 300mm； （2）用胀管螺钉安装固定 UC75 钢龙骨骨架； （3）12mm 厚纸面石膏板面层，用自攻螺钉固定在钢龙骨上，间距 300mm	99	—

续表

序号	做法名称	用料及分层做法	厚度/mm	选用/参考标准图集及做法
2	轻钢龙骨石膏板耐火隔墙	（1）2mm×15mm 厚耐火纸面石膏板面层，用自攻螺钉固定在钢龙骨上，间距 300mm； （2）用胀管螺钉安装固定 UC100 钢龙骨骨架，内填 80mm 厚岩棉； （3）3mm×15mm 厚耐火纸面石膏板面层，用自攻螺钉固定在钢龙骨上，间距 300mm	175	—

三、内墙子系统典型设计

内墙子系统设计用料及做法见表 2-20。

表 2-20　　内墙子系统设计用料及做法

序号	做法名称	用料及分层做法	厚度/mm	选用/参考标准图集及做法
1	乳胶漆墙面	（1）喷（刷、辊）防火型乳胶漆两道饰面； （2）封底漆一道（干燥后再做面漆）； （3）满刮 2mm 厚耐水腻子找平； （4）2mm 厚 DP-MR 砂浆罩面； （5）8mm 厚 DP-MR 砂浆打底； （6）DP-LR 砂浆勾实接缝、修补墙面、拉毛（混凝土墙时无此步骤）	12	12BJ1-1 内墙 3D2
2	薄型面砖墙面	（1）DTG 砂浆勾缝； （2）粘贴 6mm 厚面砖； （3）5mm 厚 DTA 砂浆结层； （4）9mm 厚 DP-LR 打底压实抹平	20	12BJ1-1 内墙 9C
3	薄型面砖墙面（防水）	（1）DTG 砂浆勾缝； （2）6mm 厚面砖； （3）5mm 厚 DTA 砂浆粘结层； （4）1.5mm 厚聚合物水泥基防水涂料； （5）8mm 厚 DP-HR 砂浆打底； （6）DP-HR 砂浆勾实接缝，修补墙面，拉毛	21	12BJ1-1 内墙 10D-f2 （用于卫生间、淋浴间）
4	矿棉吸声板墙面	（1）铝合金装饰条； （2）12mm 厚矿棉吸声板，建筑胶粘贴； （3）6mm 厚 DP-HR 砂浆抹平； （4）9mm 厚 DP-HR 砂浆打底找平	27	12BJ1-1 内墙 26A （用于设备机房）
5	贴壁纸墙面	（1）贴壁纸面层； （2）5mm 厚 DP-HR 砂浆找平； （3）8mm 厚 DP-HR 砂浆打底； （4）DP-HR 砂浆勾实接缝，修补墙面，拉毛	—	12BJ1-1 内墙 6D2

四、吊顶子系统典型设计

吊顶子系统设计用料及做法见表 2-21。

表 2-21　　　　　　　　吊顶子系统设计用料及做法

序号	做法名称	用料及分层做法	厚度/mm	选用/参考标准图集及做法
1	乳胶漆顶棚	（1）喷（刷、辊）防火型乳胶漆面层两道（每道间隔 2h）； （2）封底漆一道（干燥后再做面涂）； （3）板底刮 2mm 厚耐水腻子	2	12BJ1-1 棚 2A
2	纸面石膏板吊顶（不上人）	（1）钢筋混凝土板内预留 $\phi10$ 钢筋吊环（勾），中距横向≤1200mm，纵向≤1100mm（预制混凝土板可在板缝内预留吊环）； （2）$\phi8$ 钢筋吊杆，中距横向≤1200mm，纵向≤1100mm，吊杆上部与预留钢筋吊环固定； （3）U 型轻钢主龙骨 CB50×20（或 CB60×27），中距≤1200mm； （4）U 型轻钢龙骨横撑 CB60×27（或 CB50×20），中距≤1200mm，U 型轻钢次龙骨 CB60×27（或 CB50×20）中距 429mm； （5）9.5mm 或 12mm 厚纸面石膏板，用自攻螺钉与龙骨固定； （6）满刷氯偏乳液或乳化光油防潮涂料 2 道； （7）满刷 2mm 厚面层耐水腻子； （8）涂料饰面	—	12BJ1-1 棚 14B
3	装饰石膏板吊顶（上人）	（1）现浇钢筋混凝土板底预留 $\phi10$ 钢筋环，双向中距≤1200mm； （2）$\phi8$ 钢筋吊杆，双向中距≤1200mm，杆顶与板底预留吊环固定； （3）U 型轻钢主龙骨 SC60×27，中距≤1200mm 找平后与钢筋吊杆固定； （4）U 型轻钢次龙骨 CB50×20 中距 600mm 与主龙骨固定； （5）U 型轻钢龙骨（横撑）CB50×20 中距 600mm； （6）9（11、12）mm 厚铝装饰石膏板面层，规格 600mm×600mm，用自攻螺钉固定中距≤200mm	—	12BJ1-1 棚 15B
4	铝条板吊顶（搭接式不上人） 燃烧性能:A 级	（1）现浇钢筋混凝土板底用膨胀螺栓固定角钢 40mm×40mm×4mm 中距横向≤1500mm，纵向≤1200mm（角钢上焊 $\phi4$ 吊杆）； （2）U 型轻钢主龙骨 LB50×26，中距≤1500mm，用吊件与 $\phi4$ 钢筋吊杆固定； （3）条板轻钢次龙骨 LB50×26，中距≤1200mm； （4）0.8～1.0mm 厚铝合金搭接型条板面层（多种形式由设计人定）	—	12BJ1-1 棚 19

续表

序号	做法名称	用料及分层做法	厚度/mm	选用/参考标准图集及做法
5	铝方格栅吊顶（不上人）	（1）钢筋混凝土板内预留 ϕ10 钢筋吊环（勾），双向中距横向≤1500mm（预制混凝土板可在板缝内预留）； （2）ϕ6 钢筋吊杆，双向中距横向≤1500mm，吊杆上部与板底预留角钢固定； （3）U 型轻钢龙骨 CB38×12，中距≤1500mm，找平后与钢筋吊杆固定； （4）0.5mm 厚铝板方格栅表面喷塑	—	12BJ1-1 棚 24

五、踢脚细部及其他子系统典型设计

（一）踢脚

踢脚设计用料及做法见表 2-22。

表 2-22　踢脚设计用料及做法

序号	做法名称	用料及分层做法	高度/mm	选用/参考标准图集及做法
1	水泥踢脚	（1）8mm 厚 DP-HR 砂浆找平抹光； （2）10mm 厚 DP-HR 砂浆（大模用 DP-LR 砂浆）打底； （3）基层墙体	100～150	12BJ1-1 踢 2A
2	地砖踢脚	（1）DTG 砂浆勾缝； （2）粘贴 6mm 厚地砖； （3）5mm 厚 DTA 砂浆粘结层； （4）9mm 厚 DP-HR 砂浆（混凝土墙及混凝土砌块墙用 DP-MR 砂浆）打底压实抹平； （5）基层墙体	100～150	12BJ1-1 踢 3C
3	复合木地板踢脚	（1）12～15mm 厚复合木板用圆钉钉于木垫块上，钉帽砸扁冲入木踢脚板； （2）在木楔上钉 15mm 厚、35mm 宽的木垫块，垫块高低于踢脚板 10～15mm； （3）墙体上钻孔打入 ϕ35 防腐木楔，间距 300mm； （4）9mm 厚 DP-HR 砂浆（混凝土墙及混凝土砌块墙用 DP-MR 砂浆）打底压实抹平； （5）基层墙体	100～150	12BJ1-1 踢 7C
4	不锈钢踢脚	（1）1.0mm 厚不锈钢板与卡件安装，板缝处理； （2）放线固定 2 厚钢卡件，间距 300mm； （3）9mm 厚 DP-HR 砂浆（混凝土墙及混凝土砌块墙用 DP-MR 砂浆）打底压实抹平； （4）基层墙体	100～150	12BJ1-1 踢 5C

（二）窗台板

窗台板设计用料及做法见表 2-23。

表 2-23　　窗台板设计用料及做法

序号	做法名称	用料及分层做法	厚度/mm	选用/参考标准图集及做法
1	石材窗台板	（1）40mm 厚大理石窗台板； （2）15mm 厚干拌粘结砂浆	55	—
2	木窗台板	（1）20mm 厚木板，刷清漆； （2）12mm 厚木工板，木楔铁钉固定	32	—

（三）窗帘盒

窗帘盒设计用料及做法见表 2-24。

表 2-24　　窗帘盒设计用料及做法

序号	做法名称	用料及分层做法	厚度/mm	选用/参考标准图集及做法
1	单轨木制窗帘盒	18mm 厚细木板（外装饰线做法另详见设计），单轨	—	—
2	双轨木制窗帘盒	18mm 厚细木板（外装饰线做法另详见设计），双轨	—	—

（四）内门窗子系统

内门窗子系统设计用料及做法见表 2-25。

表 2-25　　内门窗子系统设计用料及做法

序号	做法名称	用料及分层做法	厚度/mm	选用/参考标准图集及做法
1	铝合金窗	铝合金窗框、普通白玻璃	6	仅用于室内
2	复合木门	普通复合木门框、木夹板门扇	—	仅用于室内
3	防盗门	成品钢质防盗门	—	—

2.4　给水排水分系统

给水排水分系统如图 2-5 所示。

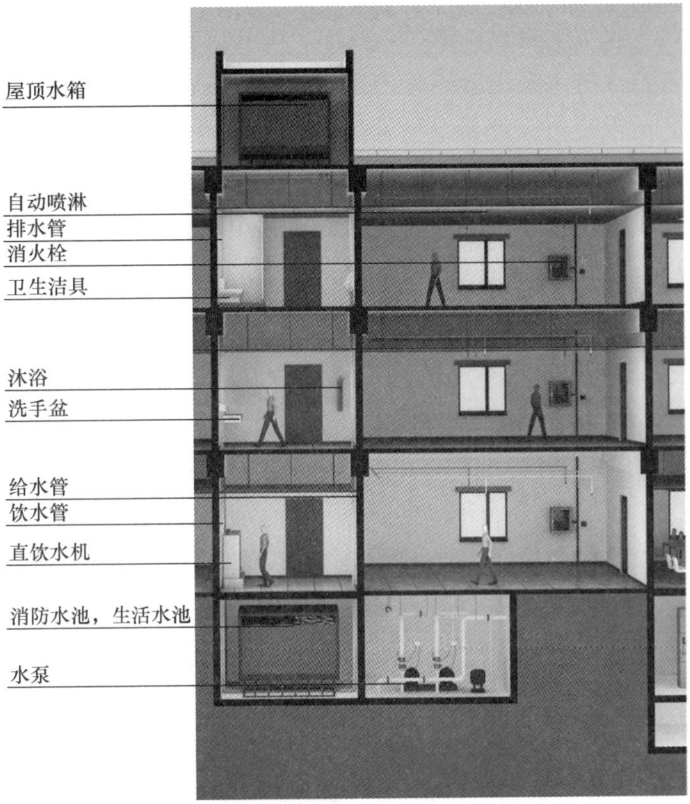

图 2-5　给水排水分系统

2.4.1　给水排水分系统定义

给水排水分系统是指通过管道及辅助设备，按照建筑物和用户的生产、生活和消防的需要，有组织的输送到用水地点，以及把屋面雨水、生活和生产过程中产生的污水、废水及时排放出去的网络。

2.4.2　给水排水分系统典型设计方案编制依据

给水排水分系统典型设计方案编制依据如下，未列出者按现行国家及当地的其他规程及文件执行。

（1）《建筑设计防火规范（2018 年版）》（GB 50016—2014）。

（2）《汽车库、修车库、停车场设计防火规范》（GB 50067—2014）。

（3）《建筑给水排水设计标准》（GB 50015—2019）。

（4）《自动喷水灭火系统设计规范》（GB 50084—2017）。

（5）《建筑灭火器配置设计规范》（GB 50140—2005）。

（6）《建筑给水排水及采暖工程施工质量验收规范》（GB 50242—2002）。

（7）《消防给水及消火栓系统技术规范》（GB 50974—2014）。

（8）《气体灭火系统设计规范》（GB 50370—2005）。

（9）《二次供水工程技术规程》（CJJ 140—2010）。

（10）《民用建筑节水设计标准》（GB 50555—2010）。

（11）《海绵城市雨水控制与利用工程设计规范》（DB 11/685—2021）。

（12）《建筑屋面雨水排水系统技术规程》（CJJ 142—2014）。

（13）《室外给水设计标准》（GB 50013—2018）。

（14）《室外排水设计标准》（GB 50014—2021）。

（15）国家建筑标准设计图集 20S515《钢筋混凝土及砖砌排水检查井》。

（16）国家建筑标准设计图集 16S518《雨水口》。

（17）国家建筑标准设计图集 22S702《室外排水设计与施工》。

（18）国家建筑标准设计图集 23S519《小型排水构筑物》。

（19）《清水离心泵能效限定值及节能评价值》（GB 19762—2007）。

2.4.3 给水排水分系统典型设计

一、给水子系统

给水子系统设计用料及做法见表 2-26。

表 2-26　　给水子系统设计用料及做法

序号	位置	类别	做法	规格
1	室内	D-01-01-01 PVC-U 管	承插连接	DN15～DN100
		D-01-01-02 PPR 管	热熔、丝扣、法兰连接	DN15～DN100
		D-01-01-03 PEX 管	热熔连接	DN15～DN100
		D-01-01-04 钢塑复合管	螺纹连接	DN15～DN100
		D-01-01-05 薄壁不锈钢管	卡压、卡套式、压缩式连接	DN15～DN100
		D-01-01-06 热镀锌钢管	丝扣、沟槽连接	DN15～DN100
	室外	D-01-02-01 铸铁管	法兰连接、推入式楔形橡胶圈柔性接口	DN50～DN150
		D-01-02-02 钢管	焊接连接	DN50～DN150
		D-01-02-03 PVC-U 管	粘接、橡胶圈连接	DN50～DN150
	给水计量	设置用水量分类分项计量，按照用水用途、用水功能分别进行计量	设置总水表，在给水泵房、厨房用水、消防用水和空调补水等分别设置用水计量装置	—

二、热水子系统

热水子系统设计用料及做法见表 2-27。

表 2-27　**热水子系统设计用料及做法**

序号	位置	类别	做法	规格
1	室内	D-02-01-01 PVC-U 管	承插连接，橡胶圈密封连接	DN15～DN100
		D-02-01-02 PPR 管	热熔连接，丝扣或者法兰连接	DN15～DN100
		D-02-01-03 钢塑复合管	螺纹连接	DN15～DN100
		D-02-01-04 PEX 管	卡套式连接	DN15～DN100

三、直饮水子系统

直饮水子系统设计用料及做法见表 2-28。

表 2-28　**直饮水子系统设计用料及做法**

序号	位置	管材	连接方式及型号	规格
1	室内	D-03-01-01 PVC-U 管	承插连接，橡胶圈密封连接	DN15～DN100
		D-03-01-02 PPR 管	热熔连接，丝扣或者法兰连接	DN15～DN100
		D-03-01-03 PEX 管	卡套式连接	DN15～DN100
		D-03-01-04 薄壁不锈钢管	卡压，卡套式或压缩式连接	DN15～DN100
2	直饮水系统	直饮水系统应选择高能效加热设备，应设置排水回收利用系统，减少水资源浪费	电加热装置应选择一级能效，排水回收优先用于洁具冲水、绿化灌溉等	—

四、污水子系统

污水子系统设计用料及做法见表 2-29。

表 2-29　**污水子系统设计用料及做法**

序号	位置	管材	连接方式及型号	规格
1	室内	D-04-01-01 PVC-U 管	承插连接，橡胶圈密封连接	DN50～DN150
		D-04-01-02 热镀锌钢管	丝扣连接或沟槽连接	DN50～DN150
	室外	D-04-02-01 预应力和自应力钢筋混凝土管	承插连接	DN300～DN600
		D-04-02-02 双壁波纹管	承插连接	DN150～DN400

五、雨水子系统

雨水子系统设计用料及做法见表 2-30。

表 2-30　　　　雨水子系统设计用料及做法

序号	位置	类别	做法及型号	规格
1	室内	D-05-01-01 PVC-U 管	承插连接，橡胶圈密封连接	DN100～DN150
		D-05-01-03 热镀锌钢管	丝扣连接或沟槽连接	DN100～DN150
	室外	D-05-02-01 预应力和自应力钢筋混凝土管	承插连接	DN300～DN600
		D-05-02-03 双壁波纹管	承插连接	DN200～DN300
	雨水回收	宜设置雨水回收系统	回收雨水，用于灌溉等功能	—

六、阀门及附件

（一）给水部分

给水部分设计用料及做法见表 2-31。

表 2-31　　　　给水部分设计用料及做法

序号	位置	管材	连接方式及型号	规格
1	室内给水	D-06-01-01 闸阀	管径小于 DN50	DN15～DN50
		D-06-01-02 减压阀	Y416X（Y410X）	DN50～DN100
		D-06-01-03 止回阀	DYH41X	DN50～DN100
		D-06-01-04 蝶阀	D373H/D343H	DN50～DN100
		D-06-01-05 球阀	Q21F-40P	DN50～DN100
		D-06-01-06 截止阀	J41-16P（R）	DN50～DN100
		D-06-01-07 电动阀	WTZ405P-1.0	DN50～DN100
		D-06-01-08 水表	旋翼式和螺翼式	DN50～DN100
		D-06-01-09 软接头	水泵吸水管、出水管上	DN50～DN100
		D-06-01-10 过滤器	KGL41H-16P，水泵吸水管上	DN50～DN100
		D-06-01-11 疏水器	室内主管分成若干支管	DN50～DN100
		D-06-01-12 刚性防水套管	穿地下室外墙及人防隔墙	DN50～DN100
		D-06-01-13 柔性防水套管	穿地下室外墙及人防隔墙	DN50～DN100
		D-06-01-14 固定支架	每隔 3m 设置一个	DN50～DN100

（二）室内排水

室内排水设计用料及做法见表 2-32。

表 2-32　　室内排水设计用料及做法

序号	位置	卫生洁具、附件	连接方式及型号	规格
1	室内排水	D-06-02-01 清扫口	横干管起端	DN50～DN150
		D-06-02-02 检查口	每层立管距地 1m 处	DN50～DN150
		D-06-02-03 地漏	DN50、DN100	DN50～DN100
		D-06-02-04 伸顶通气帽	同管径，距屋面 800mm 处	DN50～DN100
		D-06-02-05 洗脸盆	含存水弯，感应式混合水嘴	满足 2 级用水效率
		D-06-02-06 盥洗槽	含存水弯	满足 2 级用水效率
		D-06-02-07 淋浴器		满足 2 级用水效率
		D-06-02-08 污水盆	含存水弯	满足 2 级用水效率
		D-06-02-09 蹲便器	含存水弯，脚踏阀	满足 2 级用水效率
		D-06-02-10 坐便器	含存水弯，低水箱	满足 2 级用水效率
		D-06-02-11 小便器	含存水弯，感应式	满足 2 级用水效率

（三）室外排水

室外排水设计用料及做法见表 2-33。

表 2-33　　室外排水设计用料及做法

序号	位置	管材	连接方式及型号	规格
1	03 室外排水	D-06-03-01 检查井	管道转弯处，直径 1m	国标图集 20S515（8～30 页）
		D-06-03-02 跌水井	管道跌水处	国标图集 20S515（102～124 页）
		D-06-03-03 截留井	截留干管上	—
		D-06-03-04 雨水口	单篦、双篦	国标图集 16S518
		D-06-03-05 化粪池	钢筋混凝土化粪池	2 号、4 号、5 号，国标图集 22S702（14～66 页）
		D-06-03-06 隔油池	甲乙丙型	国标图集 23S519（53～148 页）

七、消防子系统

消防子系统设计用料及做法见表 2-34。

表 2-34　　消防子系统设计用料及做法

序号	位置	管材	连接方式及型号	规格
1	室内管道	D-07-01-01 无缝钢管	承插连接，橡胶圈密封连接	DN25～DN150
		D-07-01-02 镀锌钢管	丝扣连接	DN25～DN150
		D-07-01-03 焊接钢管	焊接连接	DN25～DN150
	室外管道	D-07-02-01 镀锌钢管	沟槽、法兰连接	DN150
		D-07-02-02 无缝钢管	沟槽、法兰连接	DN150
	室内消火栓	D-07-03-01 甲型单栓	800mm×650mm×240mm	—
		D-07-03-02 乙型单栓	800mm×650mm×240mm	—
		D-07-03-03 甲型带组合柜单栓	1600mm×700mm×240mm	—
		D-07-03-04 乙型带组合柜单栓	1800mm×700mm×240mm	—
		D-07-03-05 丙型带组合柜单栓	1800mm×700mm×240mm	—
		D-07-03-06 丁型带组合柜单栓	1900mm×750mm×240mm	—
	室外消火栓	D-07-04-01 地上式消火栓	SS100/6.5-1.0	—
		D-07-04-02 地下式消火栓	SA100/6.5-1.0	—
	喷头	D-07-05-01 普通型	ZSTP-15	—
		D-07-05-02 下垂型	ZSTX-15	—
		D-07-05-03 直立型	ZSTZ-15	—
		D-07-05-04 边墙型	ZSTB-20	—
		D-07-05-05 吊顶隐蔽型	ZSTD-15	—
	报警阀组	D-07-06-01 湿式报警阀组	ZSFZ100～250	—
		D-07-06-02 干式报警阀组	ZSFC100～250	—
		D-07-06-03 雨淋报警阀组	ZSFY100～250	—
		D-07-06-04 预作用报警阀组	ZSFU100～250	—
	气体灭火	D-07-07-01 七氟丙烷灭火系统	40、70、90（L）	—
	灭火器系统	D-07-08-01 水型	MS/Q3，MS/T3	—
		D-07-08-02 泡沫型	MP3，MP/AR3	—
		D-07-08-03 干粉（碳酸氢钠）	MF3，MF4	—
		D-07-08-04 干粉（磷酸铵盐）	MF/ABC4，MF/ABC8	—
		D-07-08-05 卤代烷	M2，MY3	—
		D-07-08-06 二氧化碳	MT3，MT5	—

八、水泵

水泵设计用料及做法见表 2-35。

表 2-35　　　　水泵设计用料及做法

序号	位置	类别	做法	规格
1	室内	D-08-01-01 给水泵	Q=4.5L/s，H=55m，N=5kW	变频控制，水泵效率等级不应低于《清水离心泵能效限定值及节能评价值》（GB 19762—2007）规定的节能评价值
			Q=10L/s，H=55m，N=18kW	
			Q=30L/s，H=80m，N=37kW	
		D-08-01-02 排水泵	JYWQ65-25-18-1400-3	变频控制，水泵效率等级不应低于《清水离心泵能效限定值及节能评价值》（GB 19762—2007）规定的节能评价值
			JYWQ80-40-23-1600-7.5	
		D-08-01-03 消防泵	XBD6/20-SLH（Q=20L/s，H=60m，N=25kW）	—
			XBD8/40-SLH（Q=40L/s，H=80m，N=40kW）	—
			XBD10/40-SLH（Q=40L/s，H=100m，N=55kW）	—

九、防冻、防结露保温及防腐

防冻、防结露保温及防腐设计用料及做法见表 2-36。

表 2-36　　　　防冻、防结露保温及防腐设计用料及做法

序号	分项	材料	做法及位置	规格
1	防冻、防结露保温	D-09-01-01 橡塑保温	—	—
		D-09-01-02 岩棉保温	—	—
		D-09-01-03 电伴热	—	—
	防腐	D-09-02-01 樟丹	—	DN200 以内
		D-09-02-02 灰色调和漆	两遍	—
		D-09-02-03 环氧树脂防锈漆	—	—
		D-09-02-04 加强级防腐	—	—
	保护层	D-09-03-01 玻璃丝布	—	—

2.5 供热采暖分系统

供热采暖分系统如图 2-6 所示。

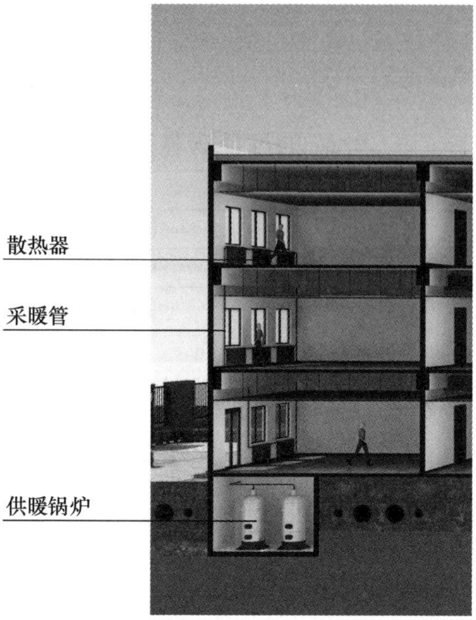

图 2-6　供热采暖分系统

2.5.1　供热采暖分系统定义

供热采暖分系统是指用人工方法通过消耗一定能源向室内供给热量，使室内保持生活或工作所需温度的技术、装备、服务的总称，主要包括热源、热媒输送管道和末端散热设备等。

2.5.2　供热采暖分系统典型设计方案编制依据

供热采暖分系统典型设计方案编制依据如下，未列出者按现行国家及当地的其他规程及文件执行。

（1）《建筑设计防火规范（2018 年版）》（GB 50016—2014）。

（2）《汽车库、修车库、停车库设计防火规范》（GB 50067—2014）。

（3）《民用建筑设计统一标准》（GB 50352—2019）。

（4）《车库建筑设计规范》（JGJ 100—2015）。

（5）《办公建筑设计规范》（JGJ/T 67—2019）。

（6）《公共建筑节能设计标准》（DB 11/687—2015）。

（7）《民用建筑供暖通风与空气调节设计规范（附条文说明〔另册〕）》（GB 50736—2012）。

（8）《建筑节能工程施工质量验收标准》（GB 50411—2019）。

（9）《供热计量技术规程》（JGJ 173—2009）。

（10）《建筑给水排水及采暖工程施工质量验收规范》（GB 50242—2002）。

（11）《辐射供暖供冷技术规程》（JGJ 142—2012）。

（12）《通风与空调工程施工质量验收规范》（GB 50243—2016）。

2.5.3　供热采暖分系统典型设计

一、室外采暖系统

室外采暖系统设计用料及做法见表 2-37。

表 2-37　　室外采暖系统设计用料及做法

序号	位置	类别	做法	规格
1	管沟敷设	E-01-01-01 热镀锌钢管	丝扣连接或沟槽连接	DN20≤ D ≤DN100
		E-01-01-02 焊接钢管	焊接连接	DN20≤ D≤DN200
		E-01-01-03 无缝钢管	焊接连接	DN50≤ D≤DN300
	直埋敷设	E-01-02-01 焊接钢管	焊接连接	DN20≤ D≤DN200
		D-01-02-02 无缝钢管	焊接连接	DN50≤ D≤DN300

二、室内采暖系统

室内采暖系统设计用料及做法见表 2-38。

表 2-38　　室内采暖系统设计用料及做法

序号	位置	类别	做法	规格
1	管材	E-02-01-01 热镀锌钢管	丝扣连接或沟槽连接	DN20≤ D ≤DN100
		E-02-01-02 焊接钢管	焊接连接	DN20≤ D≤DN200
		E-02-01-03 无缝钢管	焊接连接	DN50≤ D≤DN300
		E-02-01-04 PPR 管	热熔连接	DN15≤ D≤DN100
		E-02-01-05 铝塑复合管	专用管件连接	DN15≤ D≤DN100
		E-02-01-06 PB 管	热熔连接	DN15≤ D≤DN100
		E-02-01-07 PERT 管	热熔连接	DN15≤ D≤DN32
	散热器	E-02-02-01 内腔无砂铸铁散热器	760 型落地安装，挂装	4～25 片/组 设置恒温控制阀
		E-02-02-02 钢制板式散热器	单板式，双板式	0.5～2.5m/组 设置恒温控制阀
		E-02-02-03 钢制柱式散热器	600、1000、1500mm 高	4～25 片/组 设置恒温控制阀
		E-02-02-04 铜铝复合散热器	600、1000、1500mm 高	4～25 片/组 设置恒温控制阀

采用空气源热泵机组供热时，冬季设计工况状态下热泵机组制热性能系数（Coefficient of Performance，CoP）不应小于表 2-39 中规定的数值。

表 2-39　热泵机组制热性能系数（CoP）

机组类型	制热性能系数（CoP）
冷热风机组	1.8
冷热水机组	2.0

空气源热泵机组在连续制热运行中，融霜所需时间总和不应超过一个联系制热周期的 20%。空气源热泵机组应采取防冻措施。

三、阀门及附件

阀门及附件设计用料做法见表 2-40。

表 2-40　阀门及附件设计用料做法

类别	位置	管材	连接方式及型号	规格
阀门及附件	阀门	E-03-01-01 闸阀	管径小于 DN50	DN15～DN50
		E-03-01-02 减压阀	Y416X（Y410X）	DN50～DN150
		E-03-01-03 止回阀	DYH41X	DN50～DN250
		E-03-01-04 蝶阀	D373H/D343H	DN50～DN100
		E-03-01-05 球阀	Q21F-40P	DN50～DN100
		E-03-01-06 截止阀	J41-16P（R）	DN50～DN100
		E-03-01-07 电动阀	WTZ405P-1.0	DN50～DN100
		E-03-01-08 水力平衡阀	SPF15、SPF45	DN20～DN250
		E-03-01-09 放气阀	ZP101	
	附件	E-03-02-01 热计量表	超声波热量表	DN15～DN300
		E-03-02-02 分集水器	铜镍合金材质	
		E-03-02-03 软接头	水泵吸水管、出水管上	DN50～DN100
		E-03-02-04 Y 型过滤器	KGL41H-16P，水泵吸水管上	DN50～DN100
		E-03-02-05 疏水器	室内主管分成若干支管	DN50～DN100
		E-03-02-06 刚性防水套管	穿地下室外墙及人防隔墙	DN50～DN100
		E-03-02-07 柔性防水套管	穿地下室外墙及人防隔墙	DN50～DN100
		E-03-02-08 固定支架		DN50～DN100
		E-03-02-09 补偿器	轴向波纹管补偿器，法兰连接	DN50～DN300
		E-03-02-10 温度计压力表	工业液体温度计 0～160℃，电接点压力表	—

四、保温及防护

保温及防护设计用料做法见表 2-41。

表 2-41　**保温及防护设计用料做法**

类别	位置	管材	规格单位
保温及防护	保温	E-04-01-01 岩棉管壳	m^3
		E-04-01-02 玻璃棉管壳	m^3
		E-04-01-03 聚苯乙烯泡沫塑料	m^3
		E-04-01-04 聚氨酯发泡	m^3
		E-04-01-05 闭孔橡塑海绵保温	m^3
	保护层	E-04-02-01 玻璃丝布	m^2
		E-04-02-02 塑料布	m^2
		E-04-02-03 铝板	m^2
		E-04-02-04 镀锌钢板	m^2
		E-04-02-05 复合铝箔	m^2
		E-04-02-06 聚氯乙烯玻璃钢	m^2

五、供热采暖

供热采暖控制要求见表 2-42。

表 2-42　**供热采暖控制要求**

序号	类别	要求	备注
1	供热采暖集中监控系统	应设置供热采暖集中监控系统，对供热采暖的热源、输配和末端设备进行集中监测控制，根据室外天气和末端需求自动调节供热量，节约供热采暖能耗	—
2	热源控制	（1）市政集中供热作为热源的，二次侧供水温度可调节，鼓励采取室外温度自动补充对二次供水温度进行调节； （2）空气源热泵作为热源的，空气源热泵的出水温度可调节，鼓励采取室外温度自动补充对出水温度进行调节； （3）电锅炉作为热源的，电锅炉的出水温度/加热量可调整，鼓励采取室外温度自动补充对出水温度进行调节，鼓励采用蓄热系统利用夜间谷值电价进行蓄热； （4）天然气锅炉作为热源，天然气锅炉的出水温度可调节，鼓励采取室外温度自动补充对出水温度进行调节	—
3	水泵控制	供热采暖水泵需设备变频自动调节装置，根据室外温度、末端需求自动调节水泵频率，降低水泵能耗	—
4	末端控制	（1）风机盘管可远程监测和控制风机盘管状态，减少风机盘管电机能耗； （2）空调机组/新风机组可远程监测和控制其准状态，送风温度/回风温度可调节，设置电动调节水阀，调节供热量； （3）散热器应设置恒温阀，根据环境温度自动调节流量	—

2.6 空调通风分系统

空调通风分系统如图 2-7 所示。

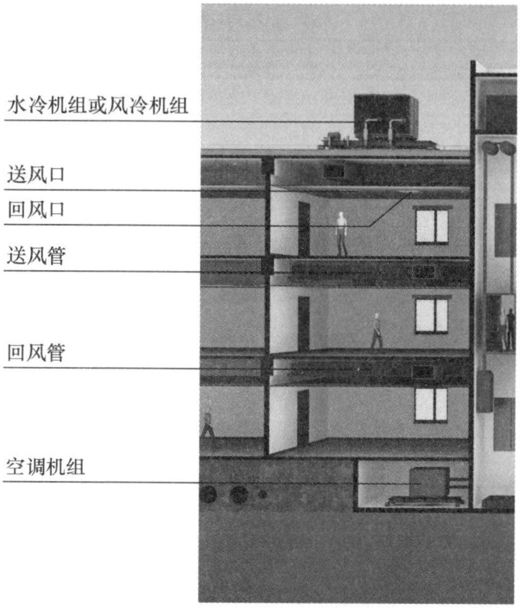

图 2-7　空调分通风系统

2.6.1 空调通风分系统定义

空调通风分系统是指用于保障和调节空间内温度、湿度、洁净度等空气环境质量的综合系统，包括由冷热源、输送管道以及自控调节设备等组成的空调系统和送排风机、风道、风道部件、消声器等组成的通风系统。

2.6.2 空调通风分系统典型设计方案编制依据

空调通风分系统典型设计方案编制依据如下，未列出者按现行国家及当地的其他规程及文件执行。

（1）《建筑设计防火规范（2018 年版）》（GB 50016—2014）。

（2）《汽车库、修车库、停车库设计防火规范》（GB 50067—2014）。

（3）《民用建筑设计统一标准》（GB 50352—2019）。

（4）《车库建筑设计规范》（JGJ 100—2015）。

（5）《办公建筑设计标准》（JGJ/T 67—2019）。

（6）《公共建筑节能设计标准》（DB 11/687—2015）。

（7）《民用建筑供暖通风与空气调节设计规范（附条文说明〔另册〕）》（GB 50736—2012）。

（8）《建筑节能工程施工质量验收标准》（GB 50411—2019）。

（9）《供热计量技术规程》（JGJ 173—2009）。

（10）《建筑给水排水及采暖工程施工质量验收规范》（GB 50242—2002）。

（11）《辐射供暖供冷技术规程》（JGJ 142—2012）。

（12）《通风与空调工程施工质量验收规范》（GB 50243—2016）。

2.6.3　空调通风分系统典型设计

一、通风空调设备

通风空调设备设计用料及做法见表 2-43。

表 2-43　　通风空调设备设计用料及做法

序号	位置	类别	规格单位
1	冷水热泵机组	F-01-01-01 离心冷水机组	1300kW≤制冷量≤3000kW； 制冷量≤1163kW，CoP≥5.60； 1163kW≤制冷量≤2110kW，CoP≥5.60； 制冷量>2110kW，CoP≥6.10； 应设置建筑设备监控系统和自动调节措施
		F-01-01-02 螺杆冷水机组	240kW≤ 制冷量≤1500kW； 制冷量≤528kW，CoP≥4.90； 528kW≤制冷量≤1163kW，CoP≥5.20； 制冷量>1163kW，CoP≥5.50； 应设置建筑设备监控系统和自动调节措施
		F-01-01-03 模块风冷冷水机组	60kW≤制冷量≤360kW； 制冷量>50kW，CoP≥3.00； 应设置建筑设备监控系统和自动调节措施
		F-01-01-04 地源热泵冷水机组	440kW≤制冷量≤220kW； 地源热泵机组的能效不应低于《水（地）源热泵机；组能效限定值及能效等级》（GB 30721—2014）规定的节能评价值； 应设置建筑设备监控系统和自动调节措施； 地源热泵系统检测与控制工程应对代表性房间室内温度、系统地源测侧与用户侧进出水温度和流量、热泵系统耗电量、地下环境参数进行监测

续表

序号	位置	类别	规格单位
1	冷水热泵机组	F-01-01-05 溴化锂吸收冷水机组	600kW≤制冷量≤3500kW，CoP≥1.20； 应设置建筑设备监控系统和自动调节措施
	空调器和空调机组	F-01-02-01 风机盘管	落地式、吊顶式、壁挂式； 应设置自动室温调控装置
		F-01-02-02 组合空调机组	落地安装，4000 m^3/h≤风量≤30000 m^3/h； 风机等级不低于《通用风机能效限定值及能效等级》（GB 19761—2020）规定的 2 级； 应采取节能自动控制措施（如自动变频装置）； 应设置建筑设备监控系统和自动调节措施； 除排风含有毒有害高污染成分的情况外，当系统设计最小总新风量≥40000 m^3/h 时，应设置集中排风能量热回收装置
		F-01-02-03 新风换气机	吊顶安装，500 m^3/h≤风量≤5000 m^3/h； 风机等级不低于《通用风机能效限定值及能效等级》（GB 19761—2020）规定的 2 级； 应采取节能自动控制措施（如自动变频装置）； 应设置建筑设备监控系统和自动调节措施； 除排风含有毒有害高污染成分的情况外，当系统设计最小总新风量≥40000 m^3/h 时，应设置集中排风能量热回收装置
		F-01-02-04 热回收机组	落地安装，4000 m^3/h≤风量≤30000 m^3/h； 风机等级不低于《通用风机能效限定值及能效等级》（GB 19761—2020）规定的 2 级； 应采取节能自动控制措施（如自动变频装置）； 应设置建筑设备监控系统和自动调节措施； 除排风含有毒有害高污染成分的情况外，当系统设计最小总新风量≥40000 m^3/h 时，应设置集中排风能量热回收装置
		F-01-02-05 多联机机组	25kW≤ 制冷量≤160kW； 名义制冷量≤14kW，全年性能系数（APF）≥4.00； 14kW≤名义制冷量≤28kW，全年性能系数（APF）≥3.90； 28kW≤名义制冷量≤50kW，全年性能系数（APF）≥3.90； 50kW≤名义制冷量≤68kW，全年性能系数（APF）≥3.60； 名义制冷量＞28kW，全年性能系数（APF）≥3.60
		F-01-02-06 分体空调	（1）壁挂式、立柜式：2.2kW≤ 制冷量≤14kW； （2）风冷单冷型：7.0kW≤名义制冷量≤14.0kW，制冷季节能效比（SEER）≥3.65；名义制冷量＞14.0kW，制冷季节能效比（SEER）≥2.85； （3）风冷热泵型：7.0kW≤名义制冷量≤14.0kW，全年 CoP≥2.95；名义制冷量＞14.0kW，全年 CoP≥2.85
		F-01-02-07 精密空调	10kW≤制冷量≤100kW

续表

序号	位置	类别	规格单位
1	通风机	F-01-03-01 轴流风机	2.5～10 号； 风机等级不低于《通用风机能效限定值及能效等级》（GB 19761—2020）规定的 2 级
		F-01-03-02 混斜流风机	2.5～10 号； 风机等级不低于《通用风机能效限定值及能效等级》（GB 19761—2020）规定的 2 级
		F-01-03-03 离心风机	2.5～12 号； 风机等级不低于《通用风机能效限定值及能效等级》（GB 19761—2020）规定的 2 级
		F-01-03-04 卫生间通风器	吊顶安装，120 m^3/h≤风量≤12000 m^3/h； 风机等级不低于《通用风机能效限定值及能效等级》（GB 19761—2020）规定的 2 级
		F-01-03-05 屋顶式风机	3.6～12.5 号； 风机等级不低于《通用风机能效限定值及能效等级》（GB 19761—2020）规定的 2 级
	冷却塔	F-01-04-01 冷却塔	40 m^3/h≤水流量≤700 m^3/h

新建生产辅助房屋应安装太阳能系统，既有生产辅助房屋应增设或改造太阳能系统。太阳能系统应做到全年综合利用，根据气候特征、实际需求和适用条件，为建筑物供电、供生活热水、供暖或（及）供冷。

太阳能系统应对下列参数进行监测和计量。

（1）太阳能热利用系统的辅助热源供热量、集热系统进出口水温、集热系统循环水流量、太阳能总辐照量，以及按照使用功能分类的下列参数。

1）太阳能热水系统的供热水温度、供热水量。

2）太阳能供暖空调系统的供热量及供冷量、室外温度、代表性房间室内温度。

（2）太阳能光伏发电系统的发电量、光伏组件背板表明温度、室外温度、太阳总辐照量。

二、通风管道及附件

通风管道及附件设计用料做法见表 2-44。

表 2-44　　通风管道及附件设计用料做法

二级	三级	管材	选材
通风管道及附件	通风管道	F-02-01-01 镀锌钢板风管	法兰连接，0.5mm≤板材厚度≤1.2mm
		F-02-01-02 玻璃钢风管	法兰连接，2.0mm≤板材厚度≤7.5mm
		F-02-01-03 复合风管	无法兰连接，120mm≤大边长度≤2000mm

续表

二级	三级	管材	选材
通风管道及附件	附件	F-02-02-01 风管静压箱	300mm≤大边长度≤4000mm
		F-02-02-02 柔性风管	圆形 150mm≤直径≤400mm 矩形 320mm≤大边长度≤3200mm
		F-02-02-03 管式消声器	500mm≤风管周长≤4000mm
		F-02-02-04 阻抗复合式消声器	1000mm≤风管周长≤5800mm
		F-02-02-05 消声弯头	1000mm≤风管周长≤5800mm
	风阀	F-02-03-01 防火阀	480mm≤风管周长≤7200mm
		F-02-03-02 防火调节阀	480mm≤风管周长≤7200mm
		F-02-03-03 多页调节阀	480mm≤风管周长≤7200mm
		F-02-03-04 三通调节阀	1600mm≤风管周长≤4000mm
		F-02-03-05 止回阀	480mm≤风管周长≤7200mm

三、空调水管及附件

空调水管及附件设计用料做法见表 2-45。

表 2-45　　空调水管及附件设计用料做法

二级	三级	管材	选材
空调水管及附件	空调水管	F-03-01-01 热镀锌钢管	DN20≤ D ≤DN100
		F-03-01-02 焊接钢管	DN20≤ D≤DN200
		F-03-01-03 无缝钢管	DN50≤ D≤DN300
		F-03-01-04 PPR 管	DN15≤ D≤DN100
	冷凝水管	F-03-02-01 热镀锌钢管	DN20≤ D≤DN100
		F-03-02-02 UPVC 塑料管	DN20≤ D ≤DN100

四、风口风帽

风口风帽设计用料及做法见表 2-46。

表 2-46　　风口风帽设计用料及做法

二级	三级	管材	选材
04 风口风帽	消防风口	F-04-01-01 电动百叶送风口	500mm≤风管周长≤4000mm
		F-04-01-02 排烟口	500mm≤风管周长≤4000mm
	普通风口	F-04-02-01 百叶风口	500mm≤风管周长≤4000mm
		F-04-02-02 散流器送风口	圆形 100mm≤风管直径≤4500mm 方形 500mm≤风管周长≤2400mm
		F-04-02-03 条形风口	500mm≤风管周长≤6400mm
		F-04-02-04 伞形风帽	圆形 200mm≤风管直径≤800mm
		F-04-02-05 旋流风口	200mm≤大边边长或直径≤1250mm
		F-04-02-06 排气罩	500mm≤下口周长≤7200mm

五、保温防护

保温防护设计用料及做法见表 2-47。

表 2-47　　保温防护设计用料及做法

二级	三级	管材	规格单位
05 保温防护	保温	F-05-01-01 岩棉管壳	m^3
		F-05-01-02 玻璃棉管壳	m^3
		F-05-01-03 聚苯乙烯泡沫塑料	m^3
		F-05-01-04 聚氨酯发泡	m^3
		F-05-01-05 闭孔橡塑海绵保温	m^3
	保护层	F-05-02-01 玻璃丝布	m^3
		F-05-02-02 塑料布	m^3
		F-05-02-03 铝板	m^3
		F-05-02-04 镀锌钢板	m^3
		F-05-02-05 复合铝箔	m^3

六、空调通风控制要求

空调通风控制要求见表 2-48。

表 2-48　　空调通风控制要求

序号	类别	要求	备注
1	空调通风集中监控系统	应设置空调通风集中监控系统，对空调通风的冷源、输配和末端设备进行集中监测控制，根据室外天气和末端需求自动调节供冷量，节约供冷能耗	—
2	冷源控制	（1）冷水机组/空气源热泵作为冷源的，供水温度可调节，鼓励根据室外温度自动调节供水温度，结合智能化方式，通过预测性调节等方式，对供水温度进行优化控制，冷水机组优先采用变频控制； （2）多联机作为冷源的，应设置多联机集中监控系统，对机组的运行状态进行监测，可远程控制设备启停	—
3	水泵控制	空调水泵需设备变频自动调节装置，根据室外温度、末端需求自动调节水泵频率，降低水泵能耗	
4	末端控制	（1）风机盘管，可远程监测和控制风机盘管状态，减少风机盘管电机能耗； （2）空调机组/新风机组，可远程监测和控制其准状态，送风温度/回风温度可调节，设置电动调节水阀，调节供冷量	—

2.7　电 气 分 系 统

电气分系统如图 2-8 所示。

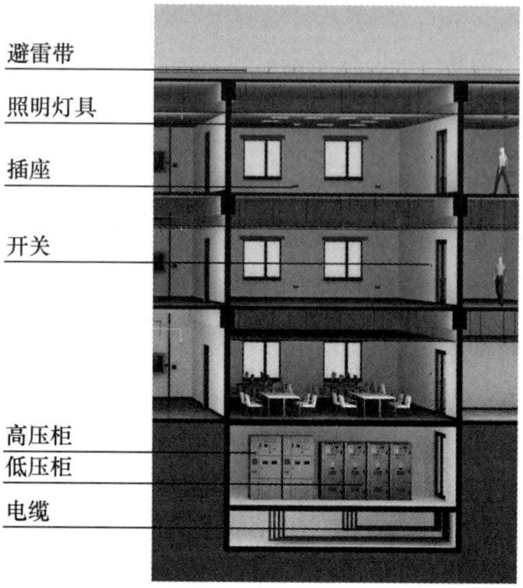

图 2-8 电气分系统

2.7.1 电气分系统定义

电气分系统是指由配电变压器、高低压配电屏、动力柜、电缆、开关等部件组合构成的电能转换、分配和接受的系统。

在典型设计方案中，具体指照明子系统、动力子系统和防雷子系统。

2.7.2 电气分系统典型设计方案编制依据

电气分系统典型设计方案编制依据如下，未列出者按现行国家及当地的其他规程及文件执行。

（1）《建筑设计防火规范（2018 年版）》（GB 50016—2014）。

（2）《汽车库、修车库、停车库设计防火规范》（GB 50067—2014）。

（3）《民用建筑设计统一标准》（GB 50352—2019）。

（4）《办公建筑设计规范》（JGJ/T 67—2019）。

（5）《车库建筑设计规范》（JGJ 100—2015）。

（6）《供配电系统设计规范》（GB 50052—2009）。

（7）《低压配电设计规范》（GB 50054—2011）。

（8）《建筑照明设计标准》（GB 50034—2013）。

（9）《民用建筑电气设计规范（附条文说明〔另册〕）》（JGJ 16—2008）。

（10）《通用用电设备配电设计规范》（GB 50055—2011）。

（11）《建筑物防雷设计规范》（GB 50057—2010）。

（12）《建筑物电子信息系统防雷技术规范》（GB 50343—2012）。

（13）《建筑照明设计标准》（GB 50034—2013）。

2.7.3　电气分系统典型设计

一、照明子系统

照明子系统设计用料及做法见表 2-49。

表 2-49　　照明子系统设计用料及做法

类别	子项	设备材料	规格	敷设方式
照明子系统	平时照明	G-01-01-01 LED 面板灯	1×35W	嵌入安装
		G-01-01-02 LED 筒灯	2×8W	嵌入安装
		G-01-01-03 LED 筒灯	2×15W	嵌入安装
		G-01-01-04 LED T5 一体灯管	3×8W	吸顶
		G-01-01-05 LED T5 一体灯管	1×16W	吸顶
		G-01-01-06 LED 灯盘	1×12W	嵌入安装
		G-01-01-07 LED 三头豆胆灯	3×10W	嵌入安装
		G-01-01-08 LED 吸顶灯	1×24W	吸顶
		G-01-01-09 LED 球泡灯	1×4W	吸顶
		G-01-01-10 防水防尘 LED 吸顶灯	1×8W	吸顶
		G-01-01-11 LED 灯杯	1×7W	嵌入安装
		G-01-01-12 LED 格栅射灯	1×7W	嵌入安装
		G-01-01-13 LED 格栅灯盘	2×21W	嵌入安装
		G-01-01-14 LED 格栅灯盘	3×11W	嵌入安装
		G-01-01-15 单联跷板开关	250V 10A	暗敷
		G-01-01-16 密闭防水单联翘板开关	250V 10A	暗敷
		G-01-01-17 双联跷板开关	250V 10A	暗敷
		G-01-01-18 三联跷板开关	250V 10A	暗敷
		G-01-01-19 声光控节能控制开关	250V 10A	暗敷
		G-01-01-20 硬质电线管	PC20	WC CC
		G-01-01-21 紧定式镀锌管	JDG20	WC CC
		G-01-01-22 电源线	BV-3×2.5	穿管
	应急照明	G-01-02-01 LED 自带电源应急照明灯	2×3W	嵌入安装
		G-01-02-02 LED 疏散指示灯	1×3W	嵌入安装
		G-01-02-03 焊接钢管	SC20	暗敷
		G-01-02-04 电源线	NHBV-3×2.5	穿管

续表

类别	子项	设备材料	规格	敷设方式
照明子系统	室外照明	G-01-03-01 庭院灯	1×70W	
		G-01-03-02 草坪灯	1×18W	
		G-01-03-03 景观灯	2×30W	
		G-01-03-04 埋地灯	3×12W	
		G-01-03-05 喷泉灯	1×70W	
		G-01-03-06 投光灯	1×18W	
		G-01-03-07 YJV22-4×4 电缆		埋地敷设

（1）照明产品的能效水平应高于能效限定值或能效等级 3 级的要求。

（2）照明功率密度应符合以下规定。

1）当房间或场所的室形指数值等于或小于 1 时，其照明功率密度限值可增加，但增加值不应超过限值的 20%。

2）当房间或场所的照度标准值提高或降低 1 级时，其照明功率密度限值应按比例提高或折减。

3）照明功率密度限值比例见表 2-50。

表 2-50　　照明功率密度限值比例

房间或场所		照度标准值/lx	照明功率密度限值/（W/m²）
普通办公室、会议室		300	≤8.0
高档办公室、设计室		500	≤13.5
服务大厅		300	≤10.0
走廊	普通	50	≤2.0
	高档	100	≤3.5
厕所	普通	75	≤3.0
	高档	150	≤5.0
控制室	一般控制室	300	≤8.0
	主控制室	500	≤13.5
电话站、网络中心、计算机站		500	≤13.5
动力站	风机房、空调机房	100	≤3.5
	泵房	100	≤3.5
	冷冻站	150	≤5.0
	压缩空气站	150	≤5.0
	锅炉房、煤气站的操作层	100	≤4.5
公共机动车库	车道	50	≤1.9
	车位	30	

（3）走廊、楼梯间、门厅、电梯厅及停车库照明应能够根据照明需求进行节能控制；公用照明区域应采取分区、分组及调节照度的节能控制措施。

（4）有天然采光的场所，其照明应根据采光状况和建筑使用条件采取分区、分组、按照度或按时段调节的节能控制措施。

（5）景观照明应设置平时、一般节日及重大节日多种控制模式。

二、动力子系统

动力子系统设计用料及做法见表 2-51。

表 2-51　　动力子系统设计用料及做法

类别	子项	规格	敷设方式
动力子系统	G-02-01 安全型单相两孔/三孔组合插座	250V 10A	暗装
	G-02-02 安全型单相三孔空调插座	250V 16A	暗装
	G-02-03 聚氯乙烯硬质电线管	PC20	暗敷
	G-02-04 电源线	BV-3×4	穿管
	G-02-05 配电箱	01 金属两层门结构； 额定电流 63A 以下； 9～15 回路； 500mm×300mm×120mm（H×W×D）	暗装
		02 金属两层门结构； 额定电流 63A 以下； 16～24 回路； 500mm×400 mm×120 mm（H×W×D）	暗装
		03 金属两层门结构； 额定电流 63A 以下； 25～33 回路； 500mm×460 mm×120 mm（H×W×D）	暗装
		04 金属两层门结构； 额定电流 63A 以下； 34～40 回路； 500mm×560mm×120mm（H×W×D）	暗装
		05 金属二层门结构； 额定电流 63A 以上； 24 回路以内； 600mm×500mm×160mm（H×W×D）	暗装
		06 金属二层门结构； 额定电流 63A 以上； 24～30 回路； 700mm×500mm×160mm（H×W×D）	暗装

（1）电力变压器、交流接触器的能效水平应高于能效限制值或能效等级 3 级的要求。

（2）供配电系统设计应进行负荷计算。当功率因数未达到供电主管部门要求时，应采取无功补偿措施。季节性负荷、工艺负载卸载时，为其单独设置的变压器应具有退出运行的措施。

（3）应按照功能区域设置电能计量及能源管理平台。

三、防雷子系统

防雷子系统设计用料及做法见表 2-52。

表 2-52　防雷子系统设计用料及做法

类别	设备材料	规格	敷设方式
防雷子系统	G-03-01 热镀锌圆钢	$\phi 10$	明敷
	G-03-02 机房接地	-40×4 热镀锌扁钢	明敷
	G-03-03 引下线	-40×4 热镀锌扁钢	明敷

2.8　电梯分系统

电梯分系统如图 2-9 所示。

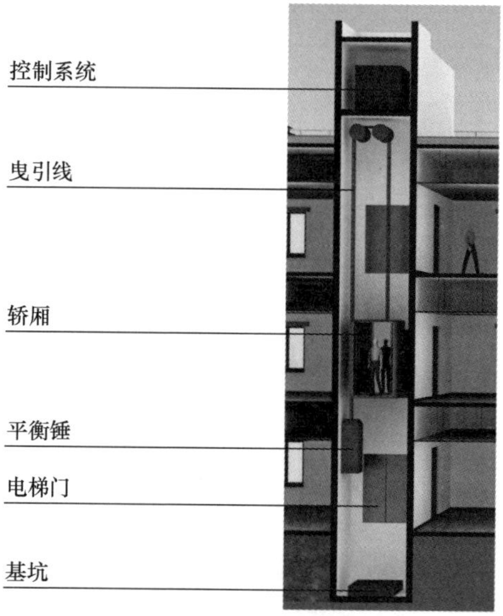

图 2-9　电梯分系统

2.8.1　电梯分系统定义

电梯分系统是指由电力驱动利用沿钢性导轨运行的箱体或沿固定线路运行

的梯级（踏步）进行升降或平行运送人及货物的机电设备系统，主要包括驱动主机、导轨、层门、轿厢、控制系统及安全部件等。

在典型设计中，具体指非生产性房屋及其配套设备设施的电梯系统各零部件翻新，以及电梯更换、增容、新增等。

2.8.2　电梯分系统典型设计方案编制依据

电梯分系统典型设计方案编制依据如下，未列出者按现行国家及当地的其他规程及文件执行。

（1）《建筑设计防火规范（2018 年版）》（GB 50016—2014）。

（2）《民用建筑设计统一标准》（GB 50352—2019）。

（3）《办公建筑设计标准》（JGJ/T67—2019）。

（4）《建筑节能工程施工质量验收标准》（GB 50411—2019）。

（5）《房屋建筑制图统一标准》（GB 50001—2017）。

（6）《汽车库、修车库、停车库设计防火规范》（GB 50067—2014）。

（7）《车库建筑设计规范》（JGJ100—2015）。

（8）《民用建筑电气设计规范（附条文说明〔另册〕）》（JGJ16—2008）。

（9）《供配电系统设计规范》（GB 50052—2009）。

（10）《建筑照明设计标准》（GB 50034—2013）。

（11）《通用用电设备配电设计规范》（GB 50055—2011）。

2.8.3　电梯分系统典型设计

一、客梯

客梯设计用料及做法见表 2-53。

表 2-53　　客梯设计用料及做法　　（单位：mm）

类别	子项	轿厢内宽 AA	轿厢深度 BB	开门宽度 JJ	开门高度 HH	顶层高度 OH	底坑深度 PD	井道内宽 AH	井道内深 BH	机房内宽 AM	机房内深 BM
客梯（参考三菱电梯凌云系列小机房电梯）	H-01-01 P08W 客梯	1400	1100	800	2100	≥4100	≥1300	≥1950	≥1650	≥1950	≥1650
	H-01-02 P10W 客梯	1400	1350	800	2100	≥4100	≥1300	≥1950	≥1900	≥1950	≥1900
	H-01-03 P14W 客梯	1600	1500	900	2100	≥4100	≥1300	≥2050	≥2090	≥2050	≥2090

（1）电梯节能改造前，应进行能源效率分析，提出节能指标，根据实际情况合理地选择和确认节能改造方案。电梯驱动主机推荐选用无齿轮传动的永磁同步电动机，有齿传动的驱动主机应选择传动效率较高的传动形式。电梯调速方式应选用变压调速方式。

（2）根据电梯的数量、位置、额定速度、额定载荷以及人流量和使用频率，合理分配电梯的运行区域、停靠层站和运行时间。

（3）两台位置相邻的电梯应使用并联控制方式。

（4）两台以上位置相邻的电梯，应使用群控控制方式，采用分散待机技术和电梯智能化实时交通控制技术。

（5）电梯应具备待机节能功能，待机时自动关闭变频器、自动关闭轿厢照明、自动关闭轿厢风扇。

（6）人流量较少的电梯可考虑取消自动返回基站功能。

（7）推荐增加误指令消除功能、防止捣乱功能和预开门功能。

二、货梯

货梯设计用料及做法见表 2-54。

表 2-54　　货梯设计用料及做法　　（单位：mm）

类别	子项	轿厢内宽 AA	轿厢深度 BB	开门宽度 JJ	开门高度 HH	顶层高度 OH	底坑深度 PD	井道内宽 AH	井道内深 BH	机房内宽 AM	机房内深 BM
货梯（参考三菱电梯 HOPE-2 系列货梯）	H-02-01 2T 货梯	2000	2100	1500	2200	≥4600	≥1500	≥2900	≥2858	≥3500	≥4900
	H-02-02 3T 货梯	2500	2180	1800	2200	≥4700	≥1500	≥3850	≥2938	≥4100	≥5500

井道平面布置和机房平面尺寸分别如图 2-10 和图 2-11 所示。

（1）电梯节能改造前，应进行能源效率分析，提出节能指标，根据实际情况合理地选择和确认节能改造方案。电梯驱动主机推荐选用无齿轮传动的永磁同步电动机，有齿传动的驱动主机应选择传动效率较高的传动形式。电梯调速方式应选用变压调速方式。

（2）根据电梯的数量、位置、额定速度、额定载荷以及人流量和使用频率，合理分配电梯的运行区域、停靠层站和运行时间。

（3）两台位置相邻的电梯应使用并联控制方式。

（4）两台以上位置相邻的电梯，应使用群控控制方式，采用分散待机技术和电梯智能化实时交通控制技术。

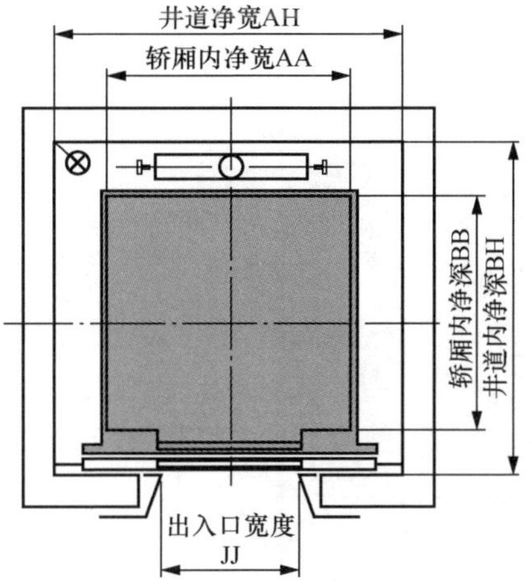

图 2-10　井道平面布置

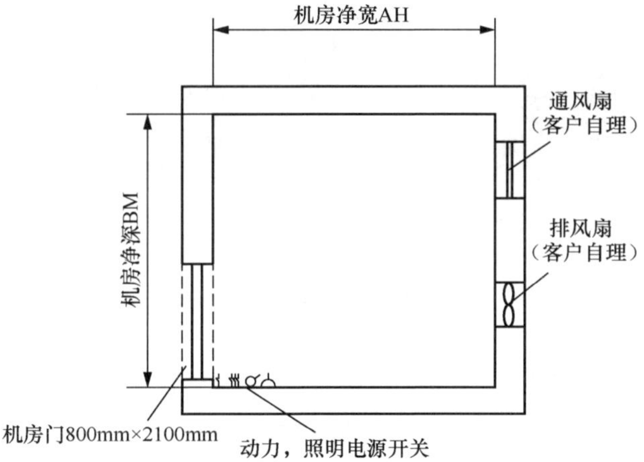

图 2-11　机房平面尺寸

（5）电梯应具备待机节能功能，待机时自动关闭变频器、自动关闭轿厢照明、自动关闭轿厢风扇。

（6）人流量较少的电梯可考虑取消自动返回基站功能。

（7）推荐增加误指令消除功能、防止捣乱功能和预开门功能。

2.9 建筑智能化（含消防）分系统

建筑智能化（含消防）分系统如图 2-12 所示。

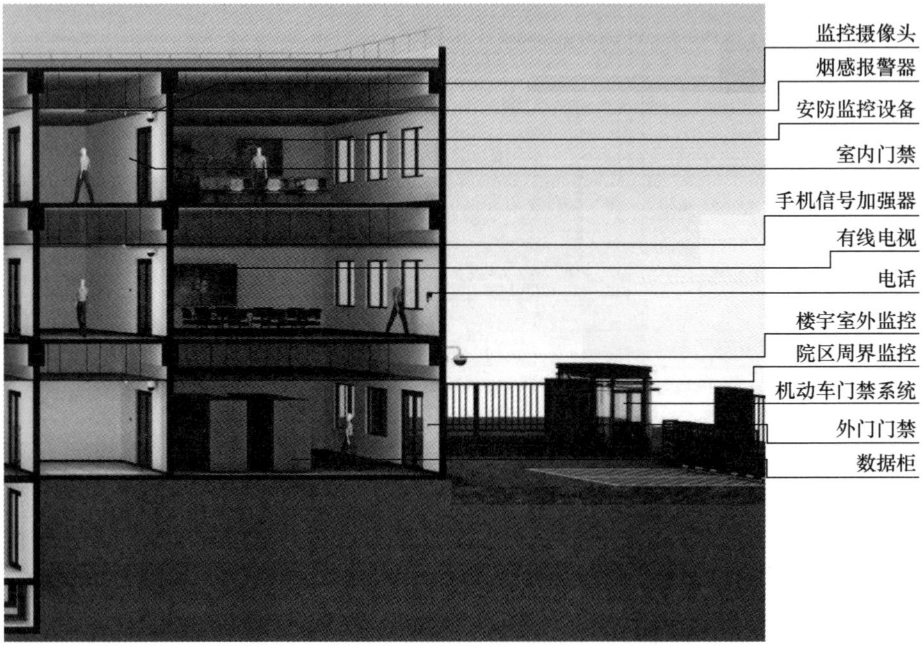

图 2-12 建筑智能化（含消防）分系统

2.9.1 建筑智能化（含消防）分系统定义

建筑智能化（含消防）分系统是指以建筑物为平台，兼备信息设施系统、信息化应用系统、建筑设备管理系统、公共安全系统等，集结构、系统、服务、管理及其优化组合为一体，向人们提供安全、高效、便捷、节能、环保、健康的建筑环境的系统。

在典型设计方案中，具体包括通信网络子系统、信息网络子系统、建筑设备监控子系统、火灾自动报警及消防联动子系统、安全防范子系统、综合布线子系统、智能化系统集成系统等。

2.9.2 建筑智能化（含消防）分系统典型设计方案编制依据

建筑智能化（含消防）分系统典型设计方案编制依据如下，未列出者按现行国家及当地的其他规程及文件执行。

（1）《建筑设计防火规范（2018 年版）》（GB 50016—2014）。

（2）《汽车库、修车库、停车库设计防火规范》（GB 50067—2014）。

（3）《民用建筑设计统一标准》（GB 50352—2019）。

（4）《办公建筑设计标准》（JGJ/T67—2019）。

（5）《车库建筑设计规范》（JGJ100—2015）。

（6）《民用建筑电气设计规范（附条文说明〔另册〕）》（JGJ16—2008）。

（7）《建筑物电子信息系统防雷技术规范》（GB 50343—2012）。

（8）《火灾自动报警系统设计规范》（GB 50116—2013）。

（9）《有线电视网络工程设计标准》（GB/T50200—2018）。

（10）《综合布线系统工程设计规范》（GB 50311—2016）。

（11）《安全防范工程技术标准》（GB 50348—2018）。

2.9.3　建筑智能化（含消防）分系统典型设计

一、综合布线子系统

综合布线子系统设计用料及做法见表 2-55。

表 2-55　　综合布线子系统设计用料及做法

类别	子项	规格	敷设方式
综合布线子系统	I-01-01 双孔电话、网络信息插座	—	暗装
	I-01-02 单孔电话插座	—	暗装
	I-01-03 单孔网络插座	—	暗装
	I-01-04 超五类非屏蔽电缆	由 4α 排屏蔽双绞线组成的超五类双绞线	穿管或线槽
	I-01-05 三类大对数电缆	50 对	线槽
	I-01-06 多模光纤	4 芯	线槽
	I-01-07 套接紧定式镀锌铁管	JDG25	CE WC
	I-01-08 金属槽盒	MR200×100	吊装
	I-01-09 无线路由器	1200M	吊顶内安装
	I-01-10 信号放大器	4G LTE 698～2700MHz	吸顶安装

二、安防监控子系统

安防监控子系统设计用料及做法见表 2-56。

表 2-56　　安防监控子系统设计用料及做法

类别	子项	规格	敷设方式
安防监控子系统	I-02-01 网络红外摄像机	—	壁装
	I-02-02 监控电源线	RVV2×1.0	穿管或线槽
	I-02-03 监控信号线	6 类网线	穿管或线槽
	I-02-04 套接紧定式镀锌铁管	JDG25	CE WC
	I-02-05 金属槽盒	MR200×100	吊装
	I-02-06 监控主机	—	—
	I-02-07 监控显示器	—	—
	I-02-08 指纹读卡器	—	壁装
	I-02-09 单门磁力锁	DC12V/24V	门上安装
	I-02-10 双门磁力锁	DC12V/24V	门上安装
	I-02-11 闭门器	—	门上安装
	I-02-12 出门按钮	—	墙上暗装
	I-02-13 门锁通信线	RVV4×0.5	穿管
	I-02-14 电源线	RVV2×1.0	穿管

三、火灾自动报警子系统

火灾自动报警子系统设计用料及做法见表 2-57。

表 2-57　　火灾自动报警子系统设计用料及做法

类别	位置	管材	连接方式及型号
火灾自动报警子系统	I-03-01 接线端子箱	JBF-11A/X20	明装
	I-03-02 输入模块	JBF-3131	—
	I-03-03 输出模块	JBF-143F	—
	I-03-04 输入输出模块	JBF-3141	—
	I-03-05 感烟探测器	JTY-GD-JBF-3100	吸顶
	I-03-06 感温探测器	JTW-ZD-JBF-3110	吸顶
	I-03-07 手动报警按钮（带电话插孔）	J-SAP-JBF-301/P	壁装
	I-03-08 火灾声光警报器	JBF-VM3372B	壁装
	I-03-09 消火栓按钮	JBF-3332A	—
	I-03-10 总线隔离模块	JBF-171K	—
	I-03-11 广播音箱	WY-XD5-5A	吸顶
	I-03-12 火灾应急广播线	ZR-RVS-2× $2.5mm^2$	穿管
	I-03-13 火灾报警信号总线	ZR-RVS-2× $2.5mm^2$	穿管
	I-03-14 24V 电源线	NH-BV-2× $2.5mm^2$	穿管
	I-03-15 消防电话线	ZR-RVS-2×$1.5mm^2$	穿管
	I-03-16 焊接钢管	SC15	WC CC

四、门禁子系统

门禁子系统设计用料及做法见表 2-58。

表 2-58　　门禁子系统设计用料及做法

类别	子项	规格	敷设方式
门禁子系统	I-04-01 门禁控制器（单门、双门、四门）	—	明装、竖井壁装
	I-04-02 智能读卡器（IC 卡、ID 卡、CPU 卡、指纹、人脸识别等）	—	明装、暗装
	I-04-03 锁具（电插锁、电磁锁、阴极锁）	—	明装
	I-04-04 开门按钮	—	明装、暗装
	I-04-05 闭门器	—	—
	I-04-06 金属桥架	—	—
	I-04-07 套接紧定式镀锌铁管	—	—
	I-04-08 RVVP4×1.0mm 信号线	—	—
	I-04-09 RVVP6×1.0mm 信号线	—	—
	I-04-10 RVV2×1.0mm 电源线	—	—
	I-04-11 网线	—	—

五、有线电视及卫星接收子系统

有线电视及卫星接收子系统设计用料及做法见表 2-59。

表 2-59　　有线电视及卫星接收子系统设计用料及做法

类别	子项	规格	敷设方式
有线电视及卫星接收子系统	I-05-01 卫星接收天线	—	—
	I-05-02 功分器	—	—
	I-05-03 接收机	—	—
	I-05-04 调制器	—	—
	I-05-05 混合器	根据输入、输出确定输入、输出路数。主要将卫星接收系统和有线电视系统信号解码再编码	—
	I-05-06 有线电视光纤接收机	—	—
	I-05-07 有线电视光纤发送机	—	—
	I-05-08 前端主机	根据用户确定输出路数	—
	I-05-09 双向干线分配放大器	—	—
	I-05-10 分支分配放大器	—	—
	I-05-11 分支器	—	—
	I-05-12 用户终端设备	根据用户确定数量	—
	I-05-13 光纤	—	—
	I-05-14 同轴电缆 75-9	—	—
	I-05-15 同轴电缆 75-5	—	—
	I-05-16 干线供电电源	分配放大器供电设备、线路供电	—

六、停车场管理子系统

停车场管理子系统设计用料及做法见表 2-60。

表 2-60　　停车场管理子系统设计用料及做法

类别	子项	规格	敷设方式
停车场管理子系统	I-06-01 停车场管理主机	根据出入口数量确定主机数量、一台主机对应 4 个出入口、管理系统	—
	I-06-02 出入口控制主机	一个出入口各 1 台	—
	I-06-03 出入口道闸机	—	—
	I-06-04 车辆识别摄像机	出入口各设置 1 台	—
	I-06-05 远距离卡读卡器	可选	—
	I-06-06 补光灯	—	—
	I-06-07 地感线圈	一个出入口 3 组地感线圈	—
	I-06-08 LED 车辆信息显示屏	—	—
	I-06-09 套接紧定式镀锌铁管	—	—
	I-06-10 RVVP4×1.0mm 信号线	—	—
	I-06-11 RVV3×2.5mm 电源线	—	—
	I-06-12 网线	—	—

七、智慧物业管理系统

智慧物业管理系统需实现客户增值服务、共享数据中心、工作流定制管理、能耗管理、设备生命周期管理等功能。系统由多台联网计算机和一套物业管理软件组成。对物业管理中的各类信息资料进行数据采集、传递、加工、存储、计算等操作，反映物业管理的各种运行状况。主要建设内容包括如下几方面。

（1）资产管理。资产入库、信息、分类、维修、查询等。

（2）场所管理。信息录入、显示，使用查询，通过工作流申请场所使用及批准等。

（3）车辆管理。申请、审批、管理等。

（4）办公用品管理。库存录入及查询，入库单管理、申领及出库管理等。

（5）档案管理。库存、入库单、出库单管理等。

（6）餐饮管理。食堂的基础库存、入库单管理、出库单管理、采购单管理、收支信息的管理等。

八、智慧建筑综合服务平台

智慧建筑综合服务平台系统将作为智能化设备运行信息的交汇与处理的中心，对汇集的各类信息进行分析、处理和判断，采用最优化的控制手段，对各设备进行分布式监控和管理，使各子系统和设备始终处于有条不紊、协调一致的高效、经济的状态下运行，最大限度地节省能耗和日常运行管理的各项费用，保证各系统能得到充分、高效、可靠的运行，并使各项投资能够给业主带来较高的回报率。

搭建智慧建筑综合服务平台系统，平台集成建筑设备管理系统、公共安全系统、信息设施系统及信息化应用系统的能力，需实现对智能化各类子系统全生命周期的集中监控、联动和管理等，该平台主要功能包括如下几方面。

（1）集中管理。对各子系统进行全局化的集中统一式监视和管理，将各集成子系统的信息统一存储、显示和管理在智能化集成统一平台上。准确、全面地反映各子系统运行状态，并能提供建筑关键场所的各子系统综合运行报告，提高突发事件的响应能力。

（2）分散控制。各子系统进行分散式控制，保持各子系统的相对独立性。协调各控制系统的运行状态，科学地安排不同设备的运行时间，需要能够同时、实时获取不同控制系统的各种运行数据，同时、实时的对不同系统进行状态控制以分离故障、分散风险、便于管理。

（3）系统联动。以各集成子系统的状态参数为基础，实现各子系统之间的相关联动。当盗警、火警、重要设备故障等发生后，系统要做相应的动作。

（4）优化运行。在各集成子系统的良好运行基础之上，快速准确地满足用户需求以提高服务质量，增加设备节能控制、节假日设定、自动远程报警等功能；具备节能环保人性化的设置，通过集成将楼宇主要耗能设备进行智能化联动控制，实现节能环保。

（5）可视化运营。在建筑物 BIM 建模基础上进行三维可视化运营管理。新建建筑信息模型（BIM）、地理信息系统（GIS），需实现设备、空间环境等全生命周期的三维可视化监测和管理，与智慧安防系统结合，实现人员定位与 BIM/GIS 融合，提供室内导航，人员定位与停车系统融合，实现反向寻车。

（6）设备预测性维护平台，辅助智慧后勤管理。

（7）设置设备健康指数衡量设备健康性能，建立设备健康档案，录入设备健康基础数据，平台能够按照规则自动对设备健康做评估打分，给出设备健康报告。

（8）建立设备故障诊断的有效模型和算法，实现预测性故障诊断。

（9）通过设置阈值，系统自动预警。

（10）用物联网技术实现智能家居或智慧办公室，通过 Web 或专用 App 实现授权的室内电器设备远程控制，实时显示室内环境信息、设备运行。

九、集成平台系统

集成平台系统运用自动化仪表、计算机过程技术和网络通信技术，对建筑物内的环境参数及机电设备运行进行自动测量、监视和控制，确保各类设备系统运行稳定、安全和可靠，并达到节能和环保的管理要求。监控的主要内容包括采暖通风与空气调节系统、给排水系统、供配电系统、公共照明系统及电梯系统等。整个系统由操作站级、网络控制器级及现场控制器（DDC）级 3 级组成。

操作站级主要由带鼠标及显示器的个人电脑和打印机组成，运行由建筑设备监控系统开发商开发的中文图形系统软件，是管理整个系统实施操作的主要人—机界面。操作站级以高速通信方式与次一级——网络控制器级进行信息交换。

网络控制器级的功能主要是实现网络匹配和信息传递，具有总线控制，I/O 控制功能。

现场控制器（DDC）级的主要功能是接收安装于各种机电设备内的传感器、检测器的信息，按 DDC 内部预先设置的参数和执行程序自动实施对相应机电设备进行监控，或随时接收操作站发来的指令信息，调整参数或有关执行程序，改变对相应机电设备的监控要求。

（一）集成平台系统设施层

集成平台系统设施层主要涵盖以下设施系统。

1. 建筑设备监控和能效监管系统

集成系统通过 OPC 接口连接建筑设备管理系统进行二次监视。对各主要设备相关数字量（或模拟量）输入（或输出）点的信息（状态、报警、故障）进行监视和相应控制，各个系统向集成系统提供各子系统设备的信息点属性表、编码表和相应布点位置图及系统图，提供系统设备联动程序列表及监控流程与各子系统原理图。

2. 安全技术防范系统

安全技术防范系统，包括视频安防监控、出入口控制、入侵报警、车库管理及巡更系统，提供实时的通信接口方式（如 OPC、TCP/IP）给集成系统，如下：

（1）安全技术防范系统提供设备的故障信息，运行状态，报警信息给集成系统。

（2）集成系统控制平台自动生成相关的报警记录。

（3）集成系统可以对出入口、停车场等数据进行统计分析并生成报表，实现数据的集中管理。

3. 信息导引及发布系统

信息引导及发布系统向集成系统控制平台提供各项监测、记录功能需求的数据，包括机电设备启停状态、故障报警参数等。

信息引导及发布系统能响应集成系统控制平台发出的显示屏开关或更改显示内容的指令。

4. 火灾自动报警系统

（1）实现漏电火灾报警、感温电缆、火灾自动报警系统的融合。

（2）实时监测火灾报警系统的报警信号，如有报警，立即在电子地图上显示火灾报警的位置，并以声音方式发出报警信息。

（3）与背景音乐子系统、变配电系统等联动，配合消防人员对火灾报警信息进行处理。

（4）定时查询火灾报警系统的运行状态，如发现故障，立即在电子地图上显示故障信息。

（5）实现消防系统各日常维保及检测计划的提示提醒。

（6）应记录上述各项报警信息和故障信息发生的内容和时刻。

5. 公共广播系统

（1）集成系统通过 OPC 的通信接口方式与广播系统集成，对广播系统设备的工作状态（主要是工作回路）进行集中监控，在工作站上以电子地图和数据表格的形式显示各区域的信息。

（2）背景音乐子系统能接收系统控制平台对背景音乐分区播放内容的设定。

6. 信息管理系统

信息设施系统备运行、系统平台运行、网络运行及所内信息化系统运行智能化集成系统控制平台通过信息管理系统提供的（OPC 接口等），对信息管理系统进行二次监视，同时汇集各种设备的运行和检测参数，并对各类数据进行积累与总计。

信息网络系统、服务器、监测。

（二）集成平台系统支撑层

应用类支撑系统包括业务协同系统、数据交换与共享系统、应用支撑中间件、应用门户系统等；同时，各个独立运行的智能建筑子系统也是支撑层的重要组成部分。

建筑设备监控系统主机设置在消防安防控制室。系统监控内容包括如下方面。

1. 中央空调监控系统

机组自带的控制系统通信接口应能接收下列控制和状态查询指令：机组启停控制和状态查询；机组制冷功率控制和状态查询；机组工作状态、故障、报警信息查询。

建筑设备监控系统应具有下列控制功能：对制冷系统设备进行启、停的顺序控制；对冷冻侧供回压差进行恒定闭环控制；对机组冷冻、冷却侧电动阀控制；压差旁路二通阀调节控制；备用泵投切、风机启停控制；冷机低流量保护的开关量控制；按照累计运行时间进行设备的轮换使用；根据冷量需求确定机组运行台数的节能控制；风机台数控制或风机调速控制；循环泵的保护控制；自动控制循环泵运行台数或频率。

建筑设备监控系统应具有下列监测功能：监测管网温度及压力，并具有自动显示、超限报警、历史数据记录、打印及绘制趋势图功能；监测流量，并具有瞬时值显示、流量计算、超限报警、历史数据记录、打印及绘制趋势图功能；能根据供回侧温差及流量瞬时值计算冷量和累计冷量消耗；监测并记录系统内的循环泵、风机、机组的等设备的运行状态及运行时间。

2. 采暖通风与空气调节系统

（1）新风机组

1）新风机组的监控符合下列规定。新风机与新风阀设置连锁控制；新风机启停控制设置自动控制和手动控制；当发生火灾时，接受消防联动控制信号连锁停机；新风机组设置防冻开关报警和连锁控制；新风机组设置送风温度自动调节系统；新风机组设置送风湿度自动调节系统；新风机组设置由室内 CO_2 浓度控制送风量的自动调节系统。

2）新风机组的参数监测符合下列规定。新风机组设置送风温度、湿度显示；设置新风过滤器两侧压差监测、压差超限报警；设置机组启停状态及阀门状态显示。对新风机组进行变频改造，根据环境 CO_2 浓度，自动调节新风量，满足舒适度要求，同时降低新风能耗。

（2）空调机组

1）空调机组的监控符合下列规定。空调机组设置风机、新风阀、回风阀连锁控制；空调机组启停，设置自动控制和手动控制；当发生火灾时，接受消防联动控制信号连锁停机；空调机组设置防冻开关报警和连锁控制；根据回风或室内温度设定值，比例、积分连续调节冷水阀或热水阀开度，保持回风或室内温度不变；根据回风或室内湿度设定值，开关量控制或连续调节加湿除湿过程，保持回风或室内湿度不变；设置根据回风或室内 CO_2 浓度控制新风量的自动调节系统。

2）空调机组的参数监测符合下列规定。空调机组设置送、回风温度显示和趋势图；当有湿度控制要求时，设置送、回风湿度显示；空气过滤器应设置两侧压差的监测、超限报警；设置 CO_2 浓度监测，并显示其瞬时值；实现空调主机、水泵和末端设备的智能化调节，根据末端需求自动调整设备供冷/供热量，优化空调能耗。

（3）通风系统

1）送、排机的监控符合下列规定。风机启停控制设置自动控制和手动控制；当发生火灾时，接受消防联动控制信号连锁停机；排风机设置由室内 CO 浓度控制启停的自动调节系统。

2）送、排机的参数监测符合下列规定。设置风机启停状态显示；地下车库设置室内 CO 监测：CO 的短时间接触浓度上限 30mg/m^3，超过此值报警，然后立刻启动排风机。

3. 给排水系统

（1）生活给水系统的监控符合下列规定。设置生活水箱液位计测量水箱液位，其高、低Ⅰ值用作控制给水泵，高、低Ⅱ值用于报警；设置压力变送器测量给水管压力，用于调节给水泵转速以稳定供水压力；设置给水泵运行状态显示、故障报警；当生活给水泵故障时，备用泵自动投入运行；设置主、备用泵自动轮换工作方式；给水系统控制器设置手动、自动工况转换。

（2）中水给水系统的监控符合下列规定。设置中水水箱液位计测量水箱液位，其高、低Ⅰ值用作控制给水泵，高、低Ⅱ值用于报警；设置压力变送器测量给水管压力，用于调节给水泵转速以稳定供水压力；设置中水水泵运行状态显示、故障报警；当中水给水泵故障时，备用泵自动投入运行；设置主、备用泵自动轮换工作方式；中水系统控制器设置手动、自动工况转换。

（3）消防水系统的监控符合下列规定。监测消防系统内安装的减压阀阀后设置压力传感器，当减压阀阀后压力超过压力设定值 0.05MPa 时，压力传感器发出信号报警；消防水池设置液位监测报警。

（4）污水排水系统的监控符合下列规定。设置液位计信号，用于报警；设置污水泵运行状态显示、故障报警。

（5）雨水排水系统的监控符合下列规定。设置液位计测量调蓄水池水位，其上限信号用于启动排污泵，下限信号用于停泵；设置雨水泵运行状态显示、故障报警；当雨水泵故障时，备用泵能自动投入；雨水排水系统的控制器设置手动、自动工况转换。

4. 供配电系统

动力配电系统均纳入变电站微机综合保护系统，在变电所监控室集中管理，由其供应商提供通信接口（如 BACnet、ModBus 或 OPC），直接与建筑设备监控系统交换数据。建立用电负荷需求侧响应系统，与电网综合能源服务平台对接，实现相关数据实时共享，具有相应的用电负荷预测及需求侧响应策略。

5. 智能照明系统

采用智能照明系统，由其供应商提供通信接口（如 RS-232/RS-485/EIB 或 OPC），直接与建筑设备监控系统交换数据。室内智慧照明系统改造，智能照明系统按需自动调节照度，调节后的天然采光和人工照明的总照度不低于各采光等级所规定的室内天然光照度值。

照明控制系统与遮阳装置联动，部分区域采用感应式照明，无人时自动关闭照明，避免出现无人区域常明灯现象。针对走廊等区域，设置照明分路控制，根据走廊内实际需要按照分路控制的方式调节照明，减少照明用电。

6. 电梯系统

垂直电梯配置一套独立电梯监控系统，在消防安防控制室设置控制柜集中管理，由其供应商提供通信接口（如 BACnet 或 OPC），直接与建筑设备监控系统交换数据。

7. 温湿度监测

建立办公楼温湿度感知系统，温湿度数据是办公楼运行过程中的基础数据之一，通过在办公楼不同区域部署温湿度监测传感器，搭建一套办公楼温湿度感知系统，实现办公楼的物联网温湿度感知，为办公楼的智慧化运行提供基础数据，同时也为冬季管网防冻提供数据支持，提供工作效率。

8. 水质监测

生活饮用水、直饮水、游泳池水水质在线监测系统具有监测浊度、余氯、pH 值、电导率（TDS）的功能。

9. 室内环境质量监控

监测空气品质（PM10、PM2.5、CO_2、CO 浓度、中氨、甲醛、苯、总挥发性有机物、氡）、室内光环境和室内声环境等各项指标。

DDC 电源采用现场就近供电方式，系统总线采用 2 对屏蔽对绞电缆，穿 SC20

钢管（特殊标注除外），在线缆集中的地方采用封闭金属线槽，电缆离开线槽引至其他的零散检测点线缆较少的地方采用穿镀锌钢管或金属软管敷设，由 DDC 箱至各现场设备的缆线由设备承包商确定，本设计仅作结构预留。系统的选型均应本着先进性、开放性、安全性、适用性及可维护性的原则，并应具备智能化系统集成的接口。每台控制器的监控点数不能超过 256 点，并预留不小于 10%的余量。DDC 安装高度应能满足观察容易及检修方便的位置。BAS 系统的中央控制室设备、现场控制器、电气设备的金属外壳、屏蔽电缆屏蔽层、金属管及金属线槽等均应良好接地。设计中采用的仪表量程选择、调节阀计算等，详见有关自控设计手册，现场仪表安装方法，参见有关自动化仪表标准安装图集及生产厂家的安装使用说明。

10. 软件功能

搭建建筑用电设备管理平台，备应包括冷热源、供暖通风和空气调节、给水排水、变配电、照明、空调末端等，监控模式应与建筑设备的运行工艺相适应，并应满足对设备或子系统实时监控、管理及节能优化的要求。

搭建智慧用能优化控制策略系统，通过优化控制，实现部分负荷率下空调冷源、热源、管网的智能调节，实现建筑设备全局用能优化控制，降低建筑能耗，具有用户行为学习功能，用户行为学习算法先进，识别准确，在保护用户隐私的前提下，将学习结果用在不同场景，满足不同习好人群的个性化需求。

十、建筑能耗监管系统

建筑能耗监管系统主机设置在首层消防安防控制室，本系统通过能源计量获得必要的能耗信息，另外通过和其他系统的接口对设备设施运行状况、运行能效等相关参数进行收集、显示、报警等，供运行人员在设备设施运行时监视。通过能源管理系统软件的自控或人工操作实现调节控制功能，以及采取适当的维护维修措施，保证设备实施优化运行、可维护性与可用性；管理层通过定性和定量分析了解能源消耗状况及相关的报表图表；决策层根据能源分析报告调整中心运营策略。实现对建筑各类能耗（用电、用水、燃气等能源）的分类、分项、分级监测，且具有用能分析功能。

（一）能源计量系统

能源计量系统通过电气仪表、水量表、燃气表、热/冷量表等采集能耗数据，自动远程计量。本次完成电量分项计量、水量分项计量的远传改造，实时监测用能量，用异常用电、用水情况及时进行报警。

1. 电能计量

电能计量的电力系统配置独立的综保和电力监控系统，可直接或间接通过BACnet或者MODBUS RTU将变电所数据送到能源管理系统。上传数据主要包括变压器低压侧出线回路有功功率、无功功率、功率因素、电压、电流、频率及谐波等参数；冷热源、输配系统、照明、给排水设备、景观照明及其他主要用电负荷独立分项电能计量电量其他需要单独计量的用电回路电量。

2. 冷/热量计量

冷/热量计量监测内容包括供热采暖空调水系统的总供出热量供冷空调水系统的总供出冷量其他需要单独计量的冷、热源。

3. 燃气量计量

燃气量计量监测内容包括建筑物总供气量建筑物分项用气量（餐饮）其他需要单独计量的燃气量。

4. 水量计量

水量计量监测内容包括建筑物总水量（冷水、热水、中水）其他需要单独计量的水量（冷水、热水、中水）能源计量系统在各楼层弱电间设置数据采集器，通过通信端口接入建筑设备管理网。采集器采用RS-485接口与计量装置进行本地数据交换，每个接口可选择接入冷/热量、燃气、水及楼层电能表等计量装置，每条总线至少可连接31台计量装置。

（二）能源管理软件

能源管理系统软件采用浏览器/伺服器（Browser/Server）架构，使监控终端的操作和系统的扩展变得更加简便。因此，除了运维中心的管理人员外，可以向使用者以及上级部门等需要能源管理信息的所有人随时直接传送所需的信息，从而可以提供更加灵活的能源使用方式。保存运维中心能耗数据的数据存储服务器拥有Web服务器的功能，只要安装了Web浏览器的计算机（PC），不论机型，即可直接用作操作终端。用户也可使用自己准备的PC。除此之外，整个系统具有能效分析等重要业务功能，采用构件式设计，能够根据客户需要定制开发，并提供加载外围系统数据的API接口，使系统能够迅速融合其他业务系统数据，为能效分析产生科学、合理、正确的结果提供有力的支持。

能源管理系统能够支持几乎全部主流数据库，能源管理系统本身设计采用专业的企业级数据库，为系统各类标准数据及业务数据提供数据计算等功能。日报周报智能分析自动推送系统，通过自动分析碳排放数据和能耗数据，定期将管理报告推送至管理人员和物业运维人员，便于实时了解楼宇运行情况，提供工作效率，辅助管理者进行决策。建立智能能源管理平台，在有效的能源计量基础上，对能源数据进行分类采集、分项分析、分时段展示，通过建立能源管理平台，及时把握建筑能源数据变化，对能耗问题进行每日分析，避免出现能源管理漏洞。同时，能源管理平台通过储存能源数据，建立能源数据库，可随时进行导出和查看，作为建筑能源审计和碳排放核算的重要依据，实现建筑内现有系统能耗适时计量、节能分析和能效评估。建立碳排放智慧管理系统，可以将楼宇碳排放数据进行自动计算、智慧分析，实现碳排放的量化管理，设定楼宇“双碳”目标，给出减碳建议，实现双碳目标的可视化、数据化。

十一、安全技术防范系统

安全技术防范系统采用集成式系统，并能通过智能化专网搭建统一的安全防范综合管理系统平台，管理软件将安防设备与各子系统设备联网，实现由消防安防控制室对全系统进行信息的自动化管理。安全技术防范系统包含视频安防监控系统、入侵报警系统、出入口控制系统、电子巡查管理系统及汽车库管理系统这几个子系统。

在涉及国家安全、国家秘密的特殊领域开展安全防范工程建设，应按照相关管理要求，严格安全准入机制，选用安全可控的产品设备和符合要求的专业设计、施工和服务队伍。

1. 控制室

设置所有区域安防系统后台设备，监控楼内的安全技术防范系统。控制室承担着整个项目安全防范系统的监控、管理、存储、登录认证、图像分发等功能。

消防安防监控室设置为禁区，设有保证自身安全的防护措施和进行内外联络的通信手段，并设置紧急报警装置和留有向上一级接处警中心报警的通信接口。

监控中心出入口应设置视频监控和出入口控制装置，监视效果应能清晰显示监控中心出入口外部区域的人员特征及活动情况；监控中心内应设置视频监控，监控效果应能清晰显示监控中心内人员活动的情况；应对设置在监控中心的出入口控制系统管理主机、网络接口设备、网络线缆等采取强化保护措施；监控中心的疏散门应采用外开方式，且应自动关闭，并应保证在任何情况下均能从室内开启。

2. 视频安防监控系统

对大楼视频监控系统进行改造，前端监控点视频信号通过 IP 摄像机直接与安防网接入层交换机连接，通过网络与消防安防控制室的服务器联接，服务器通过网络为各个授权用户提供图像信息，实现真正意义上的数字化视频传输系统。

视频安防监控系统主要由前端监控点、总控中心、分控中心（客户端）及传输线路四大部分组成。系统具备公共安全系统智慧预警功能，支持异常事件的智能检测报警，利用图像模式识别技术对火光及燃烧烟雾进行图像分析报警。

3. 前端点位

建筑物出入口、电梯间、楼梯口、电梯内等关键位置的视频监控具备智能检测功能，支持人脸识别应用，系统应具有人脸登记、人脸抓拍、人脸智能曝光、人脸识别与报警、人脸检索、人脸巡更、客流统计分析、人员定位等功能。所有摄像机具备红外夜视功能。

4. 控制室及楼层弱电间视频监控设备

楼层弱电间设备主要为视频监控系统机架式电源模块及楼层安防网接入交换机等。所有设备均统一安装在 19 英寸机柜中，用于视频信号的交换传输等。

录像数据按照 4Mbit/s 码流，保存周期为 30 天；个别重要位置的存储时间按客户要求及实际情况确定。系统应具有系统信息存储功能，在供电中断或关机后，对所有编程信息和时间信息均应保持。

监视图像信息和声音信息应具有原始完整性，系统记录的图像信息应包含图像编号/地址、记录时的时间和日期，监控视频图像数据应支持有效显示、记录、检索与回放。

图像质量按 5 级损伤制评定，图像质量不应低于 4 级。在正常工作条件下，系统图像水平清晰度为高清，即大于等于 800 线，图像画面灰度不低于 8 级，重要部位的图像帧率应不小于 25 帧/s，音视频记录失步率≤1s。显示器或拼接屏设备的分辨率不低于摄像机的分辨率。

5. 传输线路

主干网络采用 12 芯 OS2 单模光纤传输，摄像机视频信号采用 6 类非屏蔽对绞电缆，穿钢管或金属线槽，沿顶棚或吊顶明敷。布线线缆选用燃烧性能 B1 级、产烟毒性 t1 级、燃烧滴落物/微粒等级为 d1 级电线电缆。

6. 设备供电

前端摄像机系统的电源采用以太网供电（PoE），引接自各层弱电间 PoE 交换机。

第3章

生产辅助房屋能耗达标方案

本章总结归纳制定了某项目的建筑情况和设备设施系统情况的能耗达标方案报告模板，管理人员不仅可以通过本章来学习参考能耗达标档案的整体架构及基础内容要求，还可以直接利用本章内容编写方案报告，有助于后勤管理人员进一步了解项目情况，了解房屋和用能设备的概况。

3.1 项目情况综述

3.1.1 建筑基本信息

国网北京××供电公司××综合楼位于北京市××区××路××号。本次项目共涉及国网北京××供电公司××综合楼库房、特种车库、营销综合楼，属于生产综合楼及其他/工区（班组）/乡镇供电所类型，建成年份为××××年。总建筑面积约××m^2，集中供暖面积××m^2，数据中心机房面积××m^2，日常使用人数约××人，其中电网员工××人，物业服务人员等共××人。××综合楼共××层。××综合楼无对外出租面积/对外出租面积为××m^2。××综合楼内未设置数据中心机房，数据中心机房面积××m^2，数据中心机房用途为服务器机房、网络通信机房、数据存储机房、生产调度机房。

建筑基本信息采集表见表3-1。建筑各层系统分区统计表见表3-2。

表3-1　　建筑基本信息采集表

项目	内容	备注
建筑名称	国网北京××供电公司××综合楼	
建筑地址	北京市××区××路××号	

续表

项目	内容	备注
建筑性质	自用	
建筑产权单位	国网北京××供电公司	
建筑管理单位	××公司	
建筑类型	生产辅助用房	
建造年代	××××年	
建筑结构形式	钢筋混凝土框架结构	
建筑朝阳	东西	
可再生能源利用	太阳能	
建筑高度/m	××	
建筑层数	××	
建筑总面积/ m^2	××××	
地上建筑总面积/m^2	××××	
地下室面积/m^2	××××	
标准层高/m	××	
空调区域面积/m^2	××××	
建筑使用人数/人	××	

表 3-2　　　建筑各层系统分区统计表

层数	建筑面积/m^2	备注
1 层	××××	办公室××××m^2，会议室××××m^2，值班室××××m^2，档案室××××m^2等
2 层	××××	办公室××××m^2，会议室××××m^2，值班室××××m^2，档案室××××m^2等
3 层	××××	办公室××××m^2，会议室××××m^2，值班室××××m^2，档案室××××m^2等
4 层	××××	办公室××××m^2，会议室××××m^2，值班室××××m^2，档案室××××m^2等
5 层	××××	办公室××××m^2，会议室××××m^2，值班室××××m^2，档案室××××m^2等
6 层	××××	办公室××××m^2，会议室××××m^2，值班室××××m^2，档案室××××m^2等
总计		

3.1.2　围护结构情况

该建筑外墙采用××××（补充外墙做法），内墙采用××××（补充内墙做法），卫生间隔墙采用××××（补充卫生间隔墙做法）。

外窗采用××××（外窗做法），采用××玻璃（玻璃参数）。

屋面采用普通上人屋面做法，屋面防水等级为×级，耐用年限是××年。

3.1.3　室内环境情况

建筑节能减碳应在保证人体舒适度的前提下进行，为了进一步了解室内舒适度情况，根据《国家机关办公建筑和大型公共建筑能源审计导则》规定的抽样方法，对建筑内不同用途的各房间进行随机抽验，从每种用途中抽取 10%的面积的房间，检测室内基本环境状态并记录。室内环境情况记录表见表 3-3。

表 3-3　室内环境情况记录表

楼层	房间号	房间功能	温度/℃	相对湿度（%）	CO_2浓度/ppm	照度/lx	备注
一楼	×××	××					
二楼	×××	××					
三楼	×××	××					
四楼	×××	××					
五楼	×××	××					
六楼	×××	××					

3.1.4　用能系统概况

一、供配电系统

本建筑由×路××kV 高压电源供电，引自××供电局××所，经室外电缆引入变配电房。本建筑设有容量为×××kVA 的××型号干式变压器×台。

建筑另设有型号为××××容量为××kW 的柴油发电机组×台，发电机启动方式为手动启动。

变压器低压侧为单母线分段接线，变压器的低压侧设有集中无功自动补充装置，各低压配电柜型号为××××。

递延供电采用放射式，照明及电力采用阻燃交联电缆沿墙或桥架敷设至各层配电总箱，各层配电干线支线采用塑料绝缘铜芯导线辐射。

二、照明系统

本项目办公区照明采用××W LED/荧光灯，通过办公人员手动开启和关闭。大厅区域采用××W LED/荧光灯，每日开启时间为 6:00—22:00。地下车库采用××W LED/荧光灯，每日开启时间为 6:00—22:00。

三、空调系统

（一）空调冷热源及输配系统

本项目采用××台冷水机组，××台冷冻泵，××台冷却水泵，机组放置于地下一层，采用××台冷却塔，冷却塔布置在一层地面，每台冷却塔配置××台风机。

冷水机组、冷冻泵、冷却泵及分集水器现场图分别如图 3-1～图 3-4 所示。

图 3-1　冷水机组现场图

图 3-2　冷冻泵现场图

图 3-3　冷却泵现场图

图 3-4　分集水器现场图

空调冷水系统设备明细见表 3-4。

表 3-4　　空调冷水系统设备明细

名称	品牌型号	技术参数	数量/台
冷水机组	日立 RCU300WHZ-E	额定制冷量 971kW； 输入功率 187kW	2
冷冻泵	上海凯泉 150KQL200-38-30/4+HT	流量 200m³/h； 扬程 38m； 额定功率 30kW； 转速 1480r/min	3
冷却泵	上海凯泉 150KQL200-38-30/4+HT	流量 200m³/h； 扬程 38m； 额定功率 30kW； 转速 1480r/min	3

本项目冬季供暖采用市政供暖/电热水锅炉/空气源热泵供暖，市政供暖按照面积/用量进行收费，供暖面积××m^2。

空调热水系统设备明细见表 3-5。

表 3-5　空调热水系统设备明细

名称	品牌型号	技术参数	数量/台
水—水板式换热器	—	—	2
热水循环泵	无锡无双 SB-ZL 型 125-100-340	流量 $200m^3/h$； 扬程 38m； 额定功率 30kW； 转速 1475r/min	2

（二）空调末端系统

本项目空调末端设备采用风机盘管的形式，局部区域设置组合式空调机组。风机盘管共设置××台，末端空调控制方式为工作人员手动开启关闭/设置温度。本项目设置有新风系统，共××台新风机组，新风机组由物业手动开启/通过楼控系统自动开启。

（三）空调自控系统

空调冷热源侧调节为本地调节/自控系统，通过控制柜人工手动/自控系统开启机组和设备。

四、生活热水系统

本项目生活热水未使用/使用集中热水装置，各层采用电加热小厨宝制备热水，饮用热水按照每层一台电热水炉布置在各层的卫生间附近，洗浴中心采用电热水器进行制备热水。

五、电梯系统

本项目配置有××台电梯。其中直梯共××台，层站数（×/×），载重（××kg），速度（×m/s），单台额定功率（××kW）。自动扶梯共××台，速度（×m/s），单台额定功率（××kW）。

六、用水情况

本项目用水来源包括市政自来水/市政中心/自备井/桶装饮用水。用水用途包括日常工作生活用水、绿化灌溉用水、空调消防补水、其他用水。本项目生活用水洁具采用×级节水洁具。本项目采用二次供水系统，未设置雨水回收装置。

七、公务用车情况

本项目公务用车共××辆，其中汽油/柴油公务用车××辆，新能源（电动汽车）××辆。

3.1.5　建筑使用情况

本建筑办公、会议区域周一至周五 8:00—18:00 运行（法定节假日除外），每天运行 12h。运行期间，照明、空调、电梯、动力等个用能设备正常开启。

除办公、会议区域外，数据中心、运营监控中心、值班室等功能区域全年 24h 运行。

此外，本建筑配置有餐厅，为员工提供一日三餐，备餐、用餐时间开启。

3.2 能耗情况综述

本章节从不同能源类型出发，按照《定额》规定的八大指标进行统计和分析，通过本章节，有助于后勤管理者全面了解生产辅助用房的能耗情况，参照《定额》基准值，摸清 8 项指标的差距。

3.2.1 能源使用量

国网北京××供电公司综合楼项目主要消耗的能源资源种类包括电力、天然气、市政用热、汽油、柴油、自来水、中水、桶装饮用水。其中电力主要用于照明设备、办公设备和空调设备等；天然气主要用于厨房；汽油和柴油主要用于公务用车。

2021 年总用电量××××kW·h，数据中心机房用电量××××kW·h，其他用电量××××kW·h；用水量××××t，其中其他用水量××××t，天然气用量××××m^3。

2022 年总用电量××××kW·h，数据中心机房用电量××××kW·h，其他用电量××××kW·h；用水量××××t，其中其他用水量××××t，天然气用量××××m^3。

天然气用量逐月变化和用水量逐月变化分别如图 3-5 和图 3-6 所示。

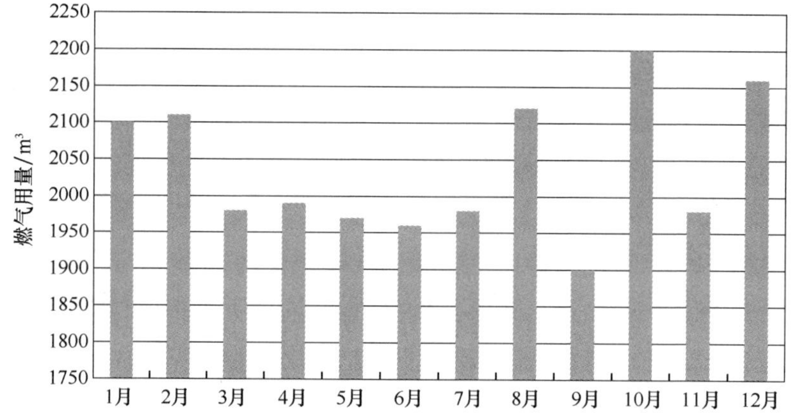

图 3-5　2021 年天然气用量逐月变化

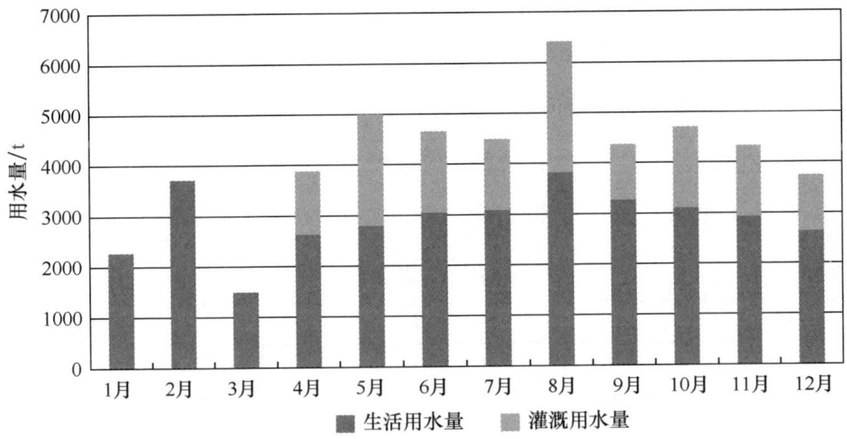

图 3-6　2021 年用水量逐月变化

由于本项目缺少能耗分项计量装置，根据《公共建筑能源审计导则》建筑能耗审计方法，将建筑总能耗划分为暖通空调系统能耗、照明系统能耗数据中心和其他能耗，根据变配电系统原理图及运行记录、设备运行记录、主要设备和主要支路的现场实测能耗、设备铭牌等信息统计得到分项能耗数据。能源分项计量估算用电数据见表 3-6。

表 3-6　　　　　　　　能源分项计量估算用电数据

分类	××××年用电量/（kW·h）	占比
暖通空调系统用电	449760	53.81%
照明系统用电	70009	8.38%
其他用电	137267	16.42%
数据中心机房用电	178814	21.39%
总计	835850	—

其中照明系统用电量经查阅电气配电图纸，按照照明设备数量和功率，照明时长计算为每个工作日 8h；暖通空调系统根据暖通空调系统的运行特点，按照设备分类进行计算各个空调设备的用电量，设备分类包括冷机、空调水泵、空调机组、冷却塔、风机盘管，风机盘管根据人员实际使用情况开启。暖通空调系统各用电设备用电情况如图 3-7 所示。

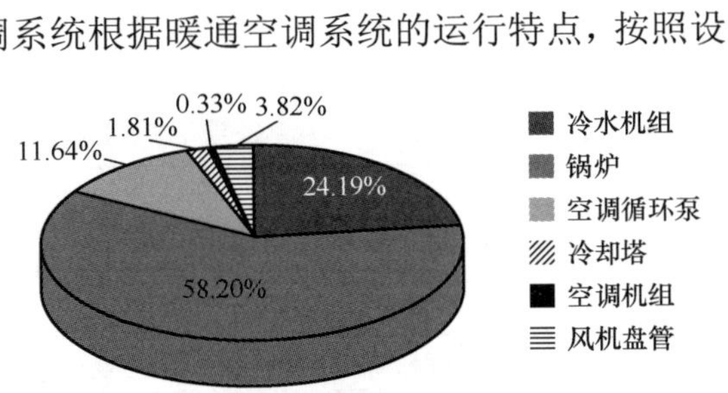

图 3-7　空调系统各用电设备用电情况

3.2.2 综合能耗指标分析

参考《综合能耗计算通则》(GB/T2589—2020)，将建筑内各项能耗折算为标准煤（简称标煤，ce)。能量的当量值是指按照物理学电热当量、热功当量、电功当量换算的各种能耗所含的实际能量。能耗折标换算系数见表 3-7。

表 3-7 能耗折标换算系数

能耗	单位	当量折标系数
电力	tce/（万 kW・h）	1.229
天然气	tce/万 m^3	13.3
汽油	tce/t	1.4714
柴油	tce/t	1.4571
热力	tce/GJ	0.3412
自来水	tce/万 m^3	0

电力折算标准煤（当量值）的计算为

实物量（万 kW・h）×1.229（t/万 kW・h）=tce (3-1)

天然气折算标准煤（当量值）的计算为

实物量（万 m^3）×13.3（t/万 m^3）=tce (3-2)

汽油折算标准煤（当量值）的计算为

实物量（t）×1.4714（tce/t）=tce (3-3)

柴油折算标准煤（当量值）的计算为

实物量（t）×1.4571（tce/t）=tce (3-4)

热力折算标准煤（当量值）的计算为

实物量（GJ）×0.3412（t/GJ）=tce (3-5)

基于本项目××××年能耗数据，根据表 3-7 中折算系数计算得出的综合能耗按当量值折标结果见表 3-8。

表 3-8 各项能耗当量值换算结果

年份	××××年
电力能耗当量值/tce	××
天然气能耗当量值/tce	××
综合能耗当量值/tce	××

根据能耗数转换为标准煤进行综合能耗当量值进行计算，××××年建筑综

合能耗当量值为××××tce。

3.2.3　能耗定额指标计算方法

《定额》规定了能耗资源定额指标及等级、统计范围和计算方法，用于能耗资源消耗的计算、目标管理和利用效率的评价。《定额》中共规定 8 项指标，每项指标分为约束值、基准值及引导值 3 类。

（1）约束值。保障正常办公前提下，所允许的相关能耗指标限定值。

（2）基准值。保障正常办公前提下，采取一定的节能管理和技术措施后所能达到的相关能耗指标基础水平值。

（3）引导值。保障正常办公前提下，采取更加有效的节能管理和技术措施后所能达到的相关能耗指标期望目标值。

结合国网北京××供电公司××综合楼的实际用能情况，基于××××年能耗数据对《定额》要求能耗定额指标进行计算分析。

一、单位供暖面积供暖能耗

单位供暖建筑面积供暖能耗是指一个供暖周期内，用于供暖消耗的能耗实物量（天然气用量或供暖热 GJ 用量）折算为标准煤的总和与供暖建筑面积的比值。

本项目公共区域冬季采暖采用市政供热，按照面积收费，无热量计量数据，故该项指标不做等级评价。

供暖根据所消耗的能源不同，可分为燃气自供暖和集中供暖（按热计量收费）。根据房屋供暖热源形式的不同，选择燃气自供暖或集中供暖（按热计量收费）的计算方法和评价指标。如同一房屋同时存在燃气自供暖或集中供暖（按热计量收费），两种供暖形式应分别进行计算和评价。如果集中供暖收费方式为按照面积收费的，其供暖能耗不做等级评价。

燃气自供暖的单位供暖建筑面积供暖能耗的计算公式为

$$e_{rqgn} = \frac{E_{rqgn} \times 1.330}{A_{gn}} \tag{3-6}$$

式中　e_{rqgn}——燃气自供暖单位供暖建筑面积供暖能耗，$kgce/m^2$；

E_{rqgn}——评价年份供暖周期内（评价年份前一年 11 月 15 日至评价年份 3 月 15 日），用于供暖所消耗的燃气用量，m^3；

A_{gn}——与供暖能耗相对应的供暖建筑面积，m^2。

集中供暖（按热计量收费）的单位供暖建筑面积供暖能耗的计算公式为

$$e_{jzgn}=\frac{E_{jzgn}\times 34.16}{A_{gn}} \tag{3-7}$$

式中 e_{jzgn}——集中供暖（按热计量收费）单位供暖建筑面积供暖能耗，kgce/ m^2；

E_{jzgn}——评价年份供暖周期内（评价年份前一年 11 月 15 日至评价年份 3 月 15 日）供暖热计量用量，GJ；

A_{gn}——与供暖能耗相对应的供暖建筑面积，m^2。

单位供暖建筑面积供暖能耗定额指标及等级值见表 3-9。

表 3-9　　单位供暖建筑面积供暖能耗定额指标及等级值　　（单位：kgce/m^2）

燃气自供暖			集中供暖（按热计量收费）		
约束值	基准值	引导值	约束值	基准值	引导值
23.90	14.50	10.90	17.5	10.60	8.90

二、单位建筑面积非供暖能耗

单位建筑面积非供暖能耗是指一个自然年内消耗的各种能耗（不包括供暖能耗、交通工具用能及数据中心用电）折算为标准煤的总和与建筑面积的比值。

单位建筑面积非供暖能耗指标（集中供暖，按热计量收费）的计算公式为

$$e_{fgn}=\frac{E-E_{jzgn}\times 34.16-E_{jt}\times 0.1229-E_{jf}\times 0.1229}{A-A_{jf}} \tag{3-8}$$

式中 e_{fgn}——单位建筑面积非供暖能耗，kgce/m^2；

E——评价年份自然年（1 月 1 日至 12 月 31 日）的综合能耗，kgce；

E_{jzgn}——评价年份供暖周期内（评价年份前一年 11 月 15 日至评价年份 3 月 15 日），供暖热计量用量，GJ；

E_{jt}——评价年份自然年（1 月 1 日至 12 月 31 日）的交通工具用电量，kW・h；

E_{jf}——评价年份自然年（1 月 1 日至 12 月 31 日）数据中心机房用电量，kW・h；

A——能耗统计量统计范围一致的建筑面积，m^2；

A_{jf}——数据中心机房面积，m^2。

其中，综合能耗是指北京公司生产辅助房屋一个自然年内实际消耗的各种能源实物量按规定的计算方法折算后的总和，计算公式为

$$E = E_{\rm d} \times 0.1229 + E_{\rm rq} \times 1.330 + E_{\rm ym} \times 0.7143 + E_{\rm xjm} \times 0.9 + E_{\rm qy} \times 1.4714 + E_{\rm cy} \times 1.4571 + E_{\rm yy} \times 1.4286 + E_{\rm rs} \times 34.16 + E_{\rm zq} \times 34.16 - E_{\rm d.qc} \times 0.1229 - E_{\rm d.zs} \times 0.1229 \tag{3-9}$$

式中　E——评价年份自然年（1 月 1 日至 12 月 31 日）的综合能耗，kgce；

$E_{\rm d}$——评价年份自然年（1 月 1 日至 12 月 31 日）的房屋用电总量，kW·h；

$E_{\rm rq}$——评价年份自然年（1 月 1 日至 12 月 31 日）的燃气消耗总量，m³；

$E_{\rm ym}$——评价年份自然年（1 月 1 日至 12 月 31 日）的原煤消耗总量，kg；

$E_{\rm xjm}$——评价年份自然年（1 月 1 日至 12 月 31 日）的洗精煤消耗总量，kg；

$E_{\rm qy}$——评价年份自然年（1 月 1 日至 12 月 31 日）的汽油消耗总量，kg；

$E_{\rm cy}$——评价年份自然年（1 月 1 日至 12 月 31 日）的柴油消耗总量，kg；

$E_{\rm yy}$——评价年份自然年（1 月 1 日至 12 月 31 日）的原油消耗总量，kg；

$E_{\rm rs}$——评价年份自然年（1 月 1 日至 12 月 31 日）的热水消耗总量，GJ；

$E_{\rm zq}$——评价年份自然年（1 月 1 日至 12 月 31 日）的饱和蒸汽消耗总量，GJ；

$E_{\rm d.qc}$——评价年份自然年（1 月 1 日至 12 月 31 日）电量扣除项，kW·h；

$E_{\rm d.zs}$——评价年份自然年（1 月 1 日至 12 月 31 日）的利用太阳能、风能等可再生能耗产生的电量，kW·h。

电量扣除项应符合下面 5 种情况：①应市政相关部门要求，对外用于建筑外景观照明用电；②通过配电系统对外服务的电能；③维修、基建用电；④对外出租区域等用电；⑤集中设置的监控中心等特定功能区用能，商业设施、职业住宅、家属区等用电。

单位建筑面积非供暖能耗定额指标及等级值见表 3-10。

表 3-10　　单位建筑面积非供暖能耗定额指标及等级　　（单位：kgce/m²）

约束值	基准值	引导值
12.87	9.78	7.28

三、单位建筑面积电耗

单位建筑面积电耗是指一个自然年内，消耗的各种电量（除数据中心用电之外）与建筑面积的比值。

单位建筑面积电耗的计算公式为

$$e_{\rm d} = \frac{E_{\rm d} - E_{\rm jf} - E_{\rm qc} - E_{\rm d.zs}}{A - A_{\rm jf}} \tag{3-10}$$

式中 e_d——单位建筑面积电耗，kW·h/m²；

E_d——评价年份自然年（1 月 1 日至 12 月 31 日）总用电量，kW·h；

E_{jf}——评价年份自然年（1 月 1 日至 12 月 31 日）数据中心机房总电量，kW·h；

$E_{d.zs}$——评价年份自然年（1 月 1 日至 12 月 31 日）的利用太阳能、风能等可再生能耗产生的电量，kW·h；

A——总用电量统计范围一致的建筑面积，m²；

A_{jf}——数据中心机房面积，m²。

单位建筑面积电耗定额指标及等级值见表 3-11。

表 3-11　单位建筑面积电耗定额指标及等级值　（单位：kW·h/m²）

约束值	基准值	引导值
73.35	58.75	45.41

四、人均综合能耗

人均综合能耗是指一个自然年内，综合能耗与用能人数的比值。其中用能人数是指一个自然年内北京公司生产辅助房屋的日平均用能人数。

本项目公共区域冬季采暖采用市政供热，按照面积收费，无热量计量数据，故该项指标不做等级评价。

根据供暖所消耗的能源不同，分为燃气自供暖和集中供暖（按热计量收费）。根据房屋供暖形式的不同，选择燃气自供暖或集中供暖（按热计量收费）的评价指标。如同一房屋同时存在燃气自供暖或集中供暖（按热计量收费），两种供暖形式应分别进行计算和评价。如果集中供暖收费方式为按照面积收费的，其供暖能耗不做等级评价。

人均综合能耗的计算公式为

$$e_r = \frac{E}{P} \tag{3-11}$$

式中 e_r——人均综合能耗，kgce/p；

E——评价年份自然年（1 月 1 日至 12 月 31 日）的综合能耗，kgce；

P——日平均用能人数，p。

人均综合能耗定额指标及等级值见表 3-12。

表 3-12　　人均综合能耗定额指标及等级值　　（单位：kgce/p）

燃气自供暖			集中供暖（按热计量收费）		
约束值	基准值	引导值	约束值	基准值	引导值
1358	916	603	1167	779	510

五、人均非供暖能耗

人均非供暖能耗是指一个自然年内，各种能耗实物量（除供暖能耗和数据中心机房用电之外）的各种能耗实物量折算为标准煤的总和与用能人数的比值。

人均非供暖能耗的计算，燃气自供暖选择式（3-12）进行计算，集中供暖（按热计量收费）选择式（3-13），即

$$e_{\mathrm{rfgn}}=\frac{E-E_{\mathrm{rqgn}}\times 1.330-E_{\mathrm{jf}}\times 0.1229}{P} \tag{3-12}$$

式中　e_{rfgn}——人均非供暖能耗，kgce/p；

E——评价年份自然年（1 月 1 日至 12 月 31 日）的综合能耗，kgce；

E_{rqgn}——评价年份供暖周期内（评价年份前一年 11 月 15 日至评价年份 3 月 15 日），用于供暖所消耗的燃气用量，m³；

E_{jf}——评价年份自然年（1 月 1 日至 12 月 31 日）数据中心机房用电量，kW·h；

P——日平均用能人数，p。

$$e_{\mathrm{rfgn}}=\frac{E-E_{\mathrm{jzgn}}\times 34.16-E_{\mathrm{jf}}\times 0.1229}{P} \tag{3-13}$$

式中　e_{rfgn}——人均非供暖能耗，kgce/p；

E——评价年份自然年（1 月 1 日至 12 月 31 日）的综合能耗，kgce；

E_{jzgn}——评价年份供暖周期内（评价年份前一年 11 月 15 日至评价年份 3 月 15 日），供暖热计量用量，GJ；

E_{jf}——评价年份自然年（1 月 1 日至 12 月 31 日）数据中心机房用电量，kW·h；

P——日平均用能人数，p。

人均非供暖能耗定额指标及等级值见表 3-13。

表 3-13　　人均非供暖能耗定额指标及等级值　　（单位：kgce/p）

约束值	基准值	引导值
649	404	258

六、人均电耗

人均电耗，是指一个自然年内，各种电量总和（除数据中心用电之外）与用能人数的比值。

人均电耗的计算公式为

$$e_{rd} = \frac{E_d - E_{jf} - E_{d.qc} - E_{d.zs}}{P} \tag{3-14}$$

式中 e_{rd}——人均电耗，kW·h/p；

E_d——评价年份自然年（1 月 1 日至 12 月 31 日）的总用电量，kW·h；

E_{jf}——评价年份自然年（1 月 1 日至 12 月 31 日）数据中心机房总电量，kW·h；

$E_{d.qc}$——评价年份自然年（1 月 1 日至 12 月 31 日）电量扣除项，kW·h；

$E_{d.zs}$——评价年份自然年（1 月 1 日至 12 月 31 日）的利用太阳能、风能等可再生能耗产生的电量，kW·h；

P——日平均用能人数，p。

人均电耗定额指标及等级值见表 3-14。

表 3-14　人均电耗定额指标及等级值　（单位：kW·h/p）

约束值	基准值	引导值
3057	2025	1035

七、人均用水量

人均用水量是指一个自然年内，取自任何常规水源并被列入第一次利用的水量总和与用能人数的比值，采用人均用水量作为水耗定额指标。

人均用水量的计算公式为

$$V_u = \frac{W_u - W_{qc} - W_{zs}}{P} \tag{3-15}$$

式中 V_u——人均用水量，m^3/p；

W_u——评价年份自然年（1 月 1 日至 12 月 31 日）的总用水量，m^3；

W_{qc}——评价年份自然年（1 月 1 日至 12 月 31 日）的用水量扣除项，m^3；

W_{zs}——评价年份自然年（1 月 1 日至 12 月 31 日）的利用雨水回收，中水回收等节约的水资源量，m^3；

P——日平均用能人数，p。

用水量扣除项应符合下面 4 种情况：①应市项相关部门要求，对外用于市项道路清扫、绿化等用水量；②维修、基建用水量；③对外出租区域等用水量；④印刷厂、浴室、职工住宅、商业设施、自供暖锅炉等用水量。

人均用水量定额指标及等级值见表 3-15。

表 3-15　人均用水量定额指标及等级值　（单位：m^3/p）

约束值	基准值	引导值
25	18	10

八、数据中心机房能耗使用效率

数据中心机房能耗使用效率是指数据中心机房在运行过程中，一个自然年内，总电能消耗量与信息设备电能消耗量的比值。

数据中心能耗使用效率的计算公式为

$$\text{数据中心机房能耗使用效率}=\frac{P}{P_{\mathrm{IT}}} \tag{3-16}$$

式中　P——数据中心机房的总电能消耗，kW·h；

P_{IT}——数据中心机房信息设备电能消耗，kW·h。

数据中心机房能耗使用效率定额指标及等级值见表 3-16。

表 3-16　数据中心机房能耗使用效率定额指标及等级值

约束值	基准值	引导值
2.0	1.8	1.6

3.2.4　能耗定额指标计算

根据能耗计算指标模型计算得出××××年国网北京××供电公司××综合楼能耗定额指标情况，其中单位供暖建筑面积供暖能耗和人均综合能耗不进行等级评价（市政供热按面积收费不涉及此两项）。

本项目总建筑面积××××m^2，集中供暖面积××××m^2，数据中心机房面积××××m^2。2021 年总用电量××××kW·h，数据中心机房用电量××××kW·h（估算值），其他用电量××××kW·h；用水量××××t，其中其他用水量××××t，耗燃气××××m^3；2022 年总用电量××××kW·h，数据中心机房用电量××××kW·h（估算值），其他用电量××××kW·h；用水量××××t，其中其他用水量××××t，耗燃气××××m^3；日常办公人数约××人。

日平均用能人数统计方法和其他能源消耗统计方法分别如图 3-8 和图 3-9 所示。

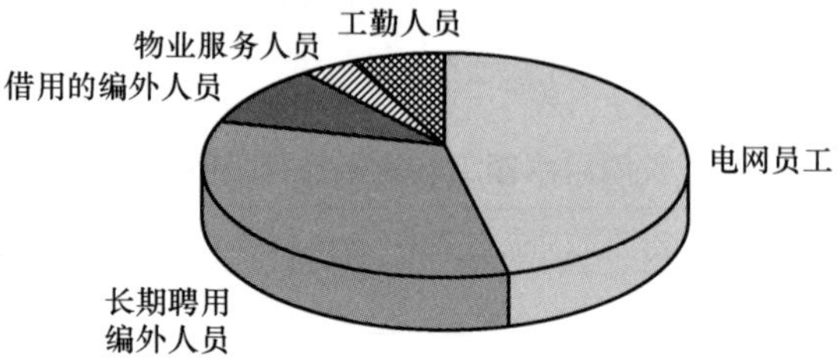

图 3-8　日平均用能人数统计方法

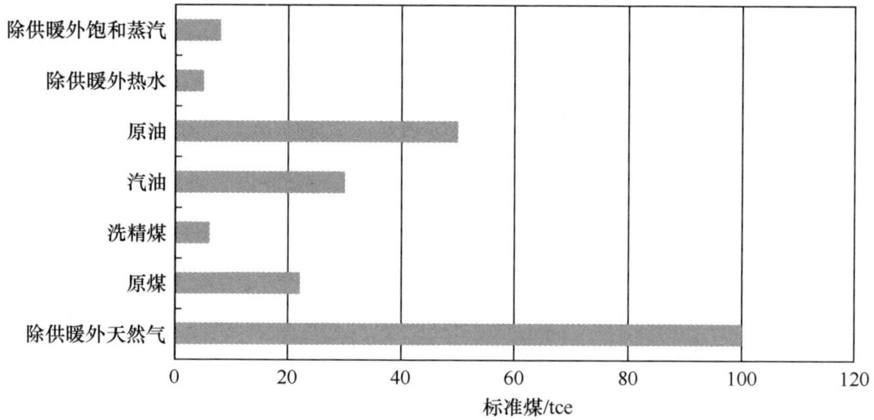

图 3-9　其他能源消耗统计方法

一、单位供暖面积供暖能耗

供暖根据所消耗的能源不同，可分为燃气自供暖和集中供暖（按热计量收费）。根据房屋供暖热源形式的不同，选择燃气自供暖或集中供暖（按热计量收费）的计算方法和评价指标。如同一房屋同时存在燃气自供暖或集中供暖（按热计量收费），两种供暖形式应分别进行计算和评价。如果集中供暖收费方式为按照面积收费的，其供暖能耗不做等级评价。

燃气自供暖的单位供暖建筑面积供暖能耗的计算公式为

$$e_{\mathrm{rqgn}} = \frac{E_{\mathrm{rqgn}} \times 1.330}{A_{\mathrm{gn}}}$$

式中　e_{rqgn}——燃气自供暖单位供暖建筑面积供暖能耗，kgce/m²；

E_{rqgn}——评价年份供暖周期内（评价年份前一年 11 月 15 日至评价年份 3 月 15 日），用于供暖所消耗的燃气用量，m³；

A_{gn}——与供暖能耗相对应的供暖建筑面积，m^2。

集中供暖（按热计量收费）的单位供暖建筑面积供暖能耗的计算公式为

$$e_{jzgn}=\frac{E_{jzgn}\times 34.16}{A_{gn}}$$

式中　e_{jzgn}——集中供暖（按热计量收费）单位供暖建筑面积供暖能耗，$kgce/m^2$；

E_{jzgn}——评价年份供暖周期内（评价年份前一年 11 月 15 日至评价年份 3 月 15 日）供暖热计量用量，GJ；

A_{gn}——与供暖能耗相对应的供暖建筑面积，m^2。

《定额》中，燃气自供暖方式单位供暖面积供暖能耗定额指标基准值为 $14.50kgce/m^2$，××××年国网北京××供电公司××综合楼单位供暖面积供暖能耗定额指标为××（如 11.5），高于《定额》基准值的要求。集中供暖（按热计量收费）单位供暖面积供暖能耗定额指标基准值为 $10.60kgce/m^2$，××××年国网北京××供电公司××综合楼单位供暖面积供暖能耗定额指标为××（如 11.5），高于《定额》基准值的要求。

二、单位建筑面积非供暖能耗

本项目建筑综合能耗指标为

$$\begin{aligned}E=&E_d\times 0.1229+E_{rq}\times 1.330+E_{ym}\times 0.7143+E_{xjm}\times 0.9+\\&E_{qy}\times 1.4714+E_{cy}\times 1.4571+E_{yy}\times 1.4286+E_{rs}\times 34.16+\\&E_{zq}\times 34.16-E_{d.qc}\times 0.1229-E_{d.zs}\times 0.1229\\=&135097(kgce)\end{aligned}$$

单位建筑面积非供暖能耗为

$$e_{fgn}=\frac{E-E_{jzgn}\times 34.16-E_{jt}\times 0.1229-E_{jf}\times 0.1229}{A-A_{jf}}=11.5$$

《定额》中，单位建筑面积非供暖能耗定额指标基准值为 9.78，××××年国网北京××供电公司××综合楼单位建筑面积非供暖能耗定额指标为 11.5，高于《定额》基准值的要求。

三、单位建筑面积电耗

单位建筑面积电耗计算为

$$e_d=\frac{E_d-E_{jf}-E_{qc}-E_{d.zs}}{A-A_{jf}}=66.5kW\cdot h/m^2$$

《定额》中，单位建筑面积电耗定额指标及等级基准值为 $58.75kW\cdot h/m^2$，

××××年国网北京××供电公司××综合楼单位建筑面积电耗定额指标为××××kW·h/m^2，高于《定额》基准值的要求。

四、人均综合能耗

供暖根据所消耗的能源不同，可分为燃气自供暖和集中供暖（按热计量收费）。根据房屋供暖形式的不同，选择燃气自供暖或集中供暖（按热计量收费）的评价指标。如同一房屋同时存在燃气自供暖或集中供暖（按热计量收费），两种供暖形式应分别进行计算和评价。如果集中供暖收费方式为按照面积收费的，其供暖能耗不做等级评价。

人均综合能耗的计算为

$$e_{\mathrm{r}} = \frac{E}{P}$$

式中 e_{r}——人均综合能耗，kgce/p；

E——评价年份自然年（1 月 1 日至 12 月 31 日）的综合能耗，kgce；

P——日平均用能人数，p。

《定额》中，燃气自供暖方式人均综合能耗定额指标基准值为 916kgce/p，××××年国网北京××供电公司××综合楼人均综合能耗定额指标为××（如 11.5），高于《定额》基准值的要求。集中供暖（按热计量收费）人均综合能耗定额指标基准值为 10.60kgce/m^2，××××年国网北京××供电公司××综合楼人均综合能耗定额指标为××（如 11.5），高于《定额》基准值的要求。

五、人均非供暖能耗

人均非供暖能耗指标的计算为

$$e_{\mathrm{rfgn}} = \frac{E - E_{\mathrm{rqgn}} \times 1.330 - E_{\mathrm{jf}} \times 0.1229}{P} = 491.8\mathrm{kgce/p}$$

《定额》中，人均非供暖能耗指标基准值为 404kgce/p，××××年国网北京××供电公司××综合楼人均非供暖能耗指标为××××kgce/p，高于《定额》基准值的要求。

六、人均电耗

人均电耗指标的计算为

$$e_{\mathrm{rd}} = \frac{E_{\mathrm{d}} - E_{\mathrm{jf}} - E_{\mathrm{d.qc}} - E_{\mathrm{d.zs}}}{P} = 2851.5\mathrm{kW \cdot h/p}$$

《定额》中，人均电耗指标基准值为 2025kW·h/p，××××年国网北京××

供电公司××综合楼人均电耗指标为××××kgce/p，高于《定额》基准值的要求。

七、人均用水量

人均用水量指标计算：

$$V_u = \frac{W_u - W_{qc} - W_{zs}}{P} = 119.5\text{m}^3 / \text{p}$$

《定额》中，人均用水量基准值为 18m³/p，××××年国网北京××供电公司××综合楼人均用水量指标为××××m³/p，高于《定额》基准值的要求。

八、数据中心机房能耗使用效率

由于本项目对数据中心机房未设置单独的用电计量表，无法对数据中心机房用电量进行计算，故该指标不进行评价。

3.2.5　能耗定额指标评价

基于本项目××××年能耗数据，根据《定额》要求的能耗定额指标计算方法计算得出的国网北京××供电公司××综合楼各能耗定额指标，能耗定额指标计算结果见表 3-17。

表 3-17　　能耗定额指标计算结果

指标类型	计算值	基准值	超标率
单位供暖面积供暖能耗	××kgce/m²	14.50kgce/m²（燃气自供暖） 10.60kgce/m²（集中供暖按热计量收费）	未/已超标，超标率××%
单位建筑面积非供暖能耗	××kgce/m²	9.78kgce/m²	未/已超标，超标率××%
单位建筑面积电耗	××kW·h/m²	58.75kW·h/m²	未/已超标，超标率××%
人均综合能耗	××kgce/p	916kgce/p	未/已超标，超标率××%
人均非供暖能耗	××kgce/p	404kgce/p	未/已超标，超标率××%
人均电耗	××kgce/p	2025kW·h/p	未/已超标，超标率××%
人均用水量	××m³/p	18m³/p	未/已超标，超标率××%
数据中心机房能耗使用效率	—	1.8	—

根据《定额》中规定的 8 项指标计算结果发现，国网北京××供电公司××综合楼在单位建筑面积非供暖能耗、单位建筑面积电耗、人均非供暖能耗、人均电耗和人均用水量均超出《定额》中各项基准值的标准。结合××××年用能数据进行分析超标原因，主要是建筑用电量和用水量较高，导致能耗使用效率偏低，

建议针对用电和用水定制能耗定额指标达标方案，以确保国网北京××供电公司××综合楼能耗使用达到《定额》中各项基准值的标准。

3.3 能耗现状分析

本章节基于能耗数据和能耗定额指标计算结果，从设备设施现状、环境效果分析、设备性能分析、设备运维分析和日常管理分析5个方面分析能源资源使用情况，分析能耗较高的原因，为针对性的解决方案提供理论分析基础。

3.3.1 设备设施现状

一、围护分系统（含室外）

本项目建筑围护分系统外墙、外窗、屋面热工性能不满足当前节能要求，是导致本项目空调能耗较高的原因之一。

本项目屋面有可利用的面积，可以采用太阳能光伏、光热等可再生能源，对建筑能源进行补充，减少传统能源的使用。

二、给水排水分系统

本项目供水存在供水压力不稳、压力不足的情况，导致使用效果不佳，且存在一定的能源浪费，建议修改供水方式。

本项目室外有充分的绿地资源，可考虑进行雨水回收装置设计，通过过滤净化等措施用于绿化灌溉、卫生洁具用水，减少传统水源的消耗。

本项目卫生洁具节水性能有待提升，导致用水量指标较高（人均用水量指标），通过节水性能更高的洁具，减少水资源的消耗。

给水排水水泵能效等级不满足当前节能要求，导致水泵电耗偏高，可考虑更换更加高效的水泵，采用变频调节等措施减少水泵能耗。

三、供热采暖分系统

本项目供热采暖的热源采用了电热水锅炉，导致用电量指标不达标，建议更换其他更加高效的热源形式，减少用电消耗。

采暖水泵在冬季室外温度较低的时候，24h开启，能耗较高，建议采用智能变频调节措施，低负荷时降频运行，减少用电量消耗。

本项目供热管网中存在“跑冒滴漏”、管道保温不严等情况，导致空调热量输送过程中的能源浪费，增加了供暖能源消耗。

四、空调通风分系统

本项目冷水机组、循环泵设备效率不满足当前节能要求，日常运行过程中导致用电量消耗较高。

办公时间新风机组正常开启，且未考虑室内 CO_2 浓度进行调节，导致新风电耗以及冷量热量消耗增加。

五、电气分系统

本项目可再生能源利用较少，建议采用光伏发电系统，用于补充传统电耗，降低用电量指标。

本项目缺少室内环境监测装置，设备运行未考虑末端效果，存在一定的能源浪费。

办公区域和公共区域照度偏高，可以采用更加高效的节能灯具、采用照明调节措施，在满足照度需求的前提下，降低照明能耗。

本项目能源资源消耗未设置计量系统，不利于进行深度的节能分析。

六、电梯分系统

电梯未采用分区分时控制，在客流量较少时，存在一定的能源浪费。

电梯未采用并联或群控措施，存在空载运行的情况。

电梯待机时，照明空调正常开启，待机能耗较高。

七、建筑智能化（含消防）分系统

本项目未设置能源资源在线监测分析系统，不利于能源资源消耗的细化分析，不能及时发现能耗偏高的线路、区域，存在一定的节能空间。

楼宇控制方面，缺少智慧控制系统，依靠物业按照运行经验进行手动调节，存在一定的能源浪费。

3.3.2　环境效果分析

本项目环境温湿度测点主要为办公室，通过温湿度测试结果可以看出，各区域温度曲线变化明显，×××办公室工作日工作时间维持在 25℃左右，比设计标准温度低 1℃；×××办公室工作日工作时间维持在 23～25℃，比设计标准温度低 1～3℃；×××办公室工作日工作时间维持在 25℃左右，比设计标准温度低 1℃左右，办公区域温度设定偏低，建议合理调整办公区域的空调设定温度，提高空调末端舒适度。此外，同一楼层不同朝向办公空间室内温度不一致，同层不同和不同楼层同朝向房间存在冷热不均的现象。建议合理调整末端空调室内温度，提高空调末端舒适度，提升室内环境水平，降低空调用电量。

从测试结果来看，本项目CO_2浓度普遍偏低，均低于1000ppm，CO_2浓度偏低的原因一方面是存在开窗现象，另一方面新风机组新风量偏高，存在能源浪费。

3.3.3 设备性能分析

通过对冷水冷机的现场测试，冷水机组运行电流比维持在60%～80%，计算冷水机组制冷量在×××kW，CoP约为×××，与额定CoP值比较，冷水机组实测性能系数为额定性能系数的76%～92%，冷水机组运行效率偏低。

通过对冷冻泵、冷却泵的现场测试，冷冻泵效率明显偏低，实测扬程偏小，由于中央空调系统在设计时是按现场最大需求量时设计，冷冻泵和冷却泵参数按照最大负荷配置，并且留10%～20%的设计余量，因此在实际使用中，冷冻泵和冷却泵有超过90%的时间都工作在非满载状态下运行。建议合理调整冷冻泵的运行频率，提高运行效率，保持水泵在最佳工况点附近运行。

3.3.4 设备运维分析

一、空调系统控制智能化水平低

通过现场实地调研发现，本项目空调系统中冷水机组、水泵均需要人工进行控制调节，控制方式单一，缺少远程监控系统和智能调节控制。如2台冷水机组夏季采用一用一备的模式，单台冷水机组制冷量为1016kW，建筑空调面积约为18000m^2，开启一台冷水机组时，单位面积冷负荷指标仅为56.4W/m^2。通过校核建筑内夏季冷负荷指标发现空调冷负荷指标无法满足夏季室内负荷要求，末端送风温度无法保证，造成末端舒适度水平低。

二、空调系统控制策略有待优化

（一）不同工况变化缺少调节手段

根据项目实际情况，空调系统供冷季为每年4月30日至10月1日，供暖季为每年11月15日至次年3月15日，供冷季冷冻水供/回水温度为7/12℃，冷却水供/回水温度为35/30℃。在供冷季期间，室外天气在整个期间内动态变化，供冷初期和末期室外温度较低，供冷中期室外温度较高，在全天供冷期间，室外天气和温度也在发生变化。同时，工作日白天和夜间以及周末，空调系统供冷供暖水温度未有相应的调节措施，造成夜间和周末舒适度水平低，产生了大量的能源浪费。因此，空调系统应根据不同的工况，采取相应的调节措施减少能源的浪费。

（二）运行调节滞后

本项目中空调系统冷水供回水温度无法根据室外温度提前进行调整，在室外温度过高时再进行调整，由于空调变化调节需要一段时间，这种调节方式会造成末端舒适度降低。建议运维人员可以根据未来几天的天气情况变化，结合现场经验具体到每个星期至每日的设备运行调节，通过把控关键技术参数来进行整体的设备调节。

三、风机盘管送风温度未考虑室内实际情况

新风机组根据供暖季和供冷季实际时间进行开启，开启时间为每年 4 月 30 日至 10 月 1 日和 11 月 15 日至 3 月 15 日，每天开启时间为 7:00—18:00。风机盘管空调设定送风温度为 24℃，全天送风温度不变。由于太阳辐射和室外天气等影响，室内负荷在一天内持续波动，室内送风温度需求也在不断发生变化，风机盘管送风温度统一设定，送风温度恒定，未与实际室内环境进行联动控制，造成室内温度波动较大，影响室内舒适性。同时，对于建筑物的不同朝向，送风温度需求也不同，一般南侧由于太阳辐射影响，室内温度较高，应根据房间的实际朝向和实际室内温度变化情况调节风机盘管送风设定温度。

四、空调系统控制未充分考虑人员变化进行调整

在项目实际踏勘中发现，空调系统中存在夜间值守区域，夜间值守时冷水机组、循环泵、冷却塔和末端机组 24h 开启，通过空调运维值班人员统一时间控制启停，如值班区域供冷面积较小，会导致空调系统供冷量过大，能耗浪费现象增加，建议分区域分工况进行调节空调设备的启停，减少“大马拉小车”现象的出现。

3.3.5　日常管理分析

未建立有效的能耗记录分析管理机制，能耗数据记录不全，不利用对能耗进行进一步的分析和管理，存在管理节能空间。

节能宣传有待进一步完善，加强节能宣传工作，鼓励全体员工进行行为节能，减少能源消耗。

3.4　能耗定额达标方案

本章节综合考虑能耗定额达标项目的优先级别、节能效果、长效机制后，基于建筑基本情况、能耗情况以及能耗现状分析，提出针对性的解决方案，指导项

目申报工作以及物业日常运营管理工作。总体方案包括全局系统优化方案、智慧运维解决方案、综合能耗管理方案及定额指标保障方案。能耗定额达标方案中全局系统优化实施可实现从项目能耗降低，到能耗定额达标，智慧运维解决方案和综合能耗管理方案的实施可在建筑动态运行过程中达到能耗持续降低的运维效果，定额指标保障方案的实施用于反向识别建筑运行效果，提供技术手段支持，保障能耗达标的最终效果。

3.4.1 建筑分系统技改优化方案

全局系统优化方案从结构分系统、围护（含室外）分系统、装饰装修分系统、给水排水分系统、供热采暖分系统、空调通风分系统、电气分系统、电梯分系统以及建筑智能化（含消防）分系统在内的九大分系统出发，按照相应的国家、行业、地方以及国网的标准和规范要求，结合××公司综合楼项目情况，主要通过技术改造和系统优化达到能耗定额达标的效果。

一、围护（含室外）分系统

【能耗达标建议 1】围护结构热工性能满足能耗达标要求

甲类公共建筑围护结构热工性能限值见表 3-18。

表 3-18　　甲类公共建筑围护结构热工性能限值

围护结构部位		体形系数≤0.30	0.30≤体形系数≤0.50
		传热系数 K/[W/(m² • K)]	
屋面		≤0.30	≤0.25
外墙（包括非透光幕墙）		≤0.38	≤0.35
底面基础室外空气的架空或外挑楼板		≤0.38	≤0.35
地下车库与供暖房间之间的楼板		≤0.70	≤0.70
非供暖楼梯间与供暖房间之间的隔墙		≤1.00	≤1.00
单一立面外窗（包括透光幕墙）	窗墙面积比≤0.20	≤2.70	≤2.50
	0.20≤窗墙面积比≤0.30	≤2.40	≤2.00
	0.30≤窗墙面积比≤0.40	≤2.10	≤1.90
	0.40≤窗墙面积比≤0.50	≤1.70	≤1.60
	0.50≤窗墙面积比≤0.60	≤1.50	≤1.50
	0.60≤窗墙面积比≤0.70	≤1.50	≤1.50
	0.70≤窗墙面积比≤0.80	≤1.40	≤1.40
	窗墙面积比>0.80	≤1.30	≤1.20
屋顶透光部分（屋顶透光部分面积≤20%）		≤2.30	
围护结构部分		保温材料层热阻 R/[(m² • K)/W]	

续表

围护结构部位	体形系数≤0.30	0.30≤体形系数≤0.50
	传热系数 K/[W/(m^2·K)]	
周边地面	≥1.10	
供暖地下室与土壤接触的外墙	≥1.50	
变形缝（两侧墙内保温时）	≥1.20	

乙类公共建筑围护结构热工性能限值见表 3-19。

表 3-19　　乙类公共建筑围护结构热工性能限值

围护结构部位	传热系数 K/[W/(m^2·K)]
屋面	≤0.45
外墙（包括非透光幕墙）	≤0.50
底面基础室外空气的架空或外挑楼板	≤0.50
地下车库与供暖房间之间的楼板	≤0.70
非供暖楼梯间与供暖房间之间的隔墙	≤1.00
单一立面外窗（包括透光幕墙）	≤2.20

【能耗达标建议 2】屋顶光伏设计

在围护分系统中，合理利用建筑屋面作为光伏板载体是实现太阳能利用、降低建筑能耗的重要方式，也是绿色建筑的内在要求。通过现场踏勘发现，国网北京××供电公司××综合楼主办公楼楼顶具有良好的屋顶光伏优势，建议增加屋顶分布式光伏系统，考虑到分布式电源的容量，针对屋面进行设计光伏系统，用于主办公楼内部照明或其他办公楼照明用电，以降低照明等设备用电量，降低单位建筑面积非供暖能耗和单位建筑面积用电量。

二、给水排水分系统

【能耗达标建议 3】叠压供水系统

通过现场踏勘发现和现场交流发现，国网北京××供电公司××综合楼在给排水系统方面存在供回水压力不足的情况，针对这种现象，建议调整供水方式，采用叠压供水等方式，充分利用自来水管网的原有压力，采用变频调速控制水压实现叠压供水,有效地防止压力波动及水锤现象的发生，确保供水压力恒定，以达到节水、降低人均用水量指标的目的。

【能耗达标建议 4】雨水回收系统

雨水作为一种天然的水资源，具有容易收集、处理方法简单等优点，合理设计雨水回收系统，对于提高水资源利用率具有重要意义。经现场踏勘发现，国网北京××供电公司××综合楼内具有大面积陆地和场地道路，可考虑采用道路雨水回收系统，铺设水资源回收管道，利用原喷泉池作为蓄水、净化池，可提供空调用水冷热水循环和绿地灌溉用水，充分提高水资源利用率，缓解高峰时段用水压力，降低市政用水量，以降低建筑整体人均用水量指标。

其中雨水回用时应建立有效的过滤装置和水处理装置，处理水质应达到《城市污水再生利用　城市杂用水水质》（GB/T18920—2020）的相关要求。

根据本项目的实际情况，水回收量参考的实际用途应根据回水收集量、用水时段和用水要求等因素综合确定，不同用途用水量见表 3-20。实际回收用途按照“低质低用”的原则使用，建议参考以下次序进行使用：绿化用水→循环冷却用水→路面→地面冲洗用水→汽车冲洗用水→其他用水。

表 3-20　　　　　　　　不同用途用水量

用途	用水定额	备注
绿化用水	$0.5m^3/m^2$	年平均每平方米绿化浇灌用水定额
路面、地面冲洗用水	0.5L/（m^2·次）	水泥或沥青路面
汽车冲洗用水	20L/（辆·次）	循环用水冲洗
循环冷却水补水	循环水量的 1%～2%	
冲厕等用水	总用水量的 30%～50%	

【能耗达标建议 5】卫生洁具节水

基于××××年用水量数据发现，人均用水量较高，生活用水占总用水量占比较高，建议公共区域的水龙头采用感应式开关、配控制流量的节水龙头，卫生洁具采用节水型便器冲洗阀，在不同水压下设置不同流量的冲洗方式，合理控制不同使用条件的冲洗时间，以减少卫生器具生活用水量。

【能耗达标建议 6】绿化灌溉节水

减少绿化、灌溉用水量，可采用雨水回收用水进行绿化灌溉，绿地浇灌形式建议采用微喷装置等节水措施，在园区树木树根处铺设生态透水彩石，减少水分蒸发，减少灌溉整体用水量。

【能耗达标建议 7】给水排水选用高效水泵

给水泵、排水泵等水泵效率等级不低于《清水离心泵能效限定值及节能评价值》（GB19762—2007）规定的节能评价值。

【能耗达标建议 8】给水排水水泵采用变频调节装置

给水排水水泵应选择具有自动智能变频调节的设备，在末端用水量需求变化时，自动调整水泵频率，实现降低水泵能耗的目标。

三、供热采暖分系统

【能耗达标建议9】合理调整供暖热源形式

目前国网北京××供电公司××综合楼供热采暖热源采用电加热锅炉供暖和市政供暖两种形式，依据《公共建筑节能设计标准》（DB11/687—2015）中的规定，建筑需优先采用市政集中供热、燃气锅炉、空气源热泵等形式。根据北京地区的气象条件，太阳能资源较为丰富，在热源方面采用太阳能热泵、太阳能锅炉等形式，可以充分利用可再生资源，提高能源利用效率，节省用电量。结合目前的热源形式，综合考虑太阳辐射等情况，建议国网北京××供电公司综合楼采用太阳能热泵、太阳能锅炉代替现市政供暖热源。太阳能热泵、太阳能锅炉将太阳能光电热利用技术和热泵技术结合，同时可提高太阳能集热器和热泵、锅炉系统的性能，集热器吸收的热量作为热泵、锅炉的低温热源，成本较低，效率较高。冬季可代替一部分热源进行供暖，还可以全年提供生活热水。由于太阳能热泵系统中设有蓄热装置，可进行蓄热换热，降低空调供暖能耗。通过充分利用太阳能资源、多能互补等新技术，有效减低供暖系统能源消耗量。

【能耗达标建议10】采暖水泵智能变频

本项目采暖热源形式为电加热锅炉供暖和市政供暖，采暖系统中循环泵设置有变频调节装置，但变频器频率通过手动设定，未进行有效变频控制，导致系统运行效率低。建议对水泵变频进行自动控制，对循环水泵增加智能变频装置，根据末端实际负荷进行自动调节水泵变频频率和启停数量。同时，建议对采暖二次侧供水温度增加智能调节策略，使采暖二次侧供水温度可根据室外温度自动调整，降低采暖系统运行过程中的供暖能耗。

【能耗达标建议11】供热管网设备维修和更换

对供热管网中“跑冒滴漏”情况、管道保温开裂破损情况及时进行维修，保证系统水利平衡，降低热水输送过程中的能源损失；对换热性能不能满足规范要求的末端设备及时进行维修和更换，提供换热效果。

四、空调通风分系统

【能耗达标建议12】空调循环泵智能变频调节

空调循环泵增加智能调节变频装置，冷冻水泵、冷却水泵、冷却塔风机采用高效电机和智能变频控制，空调机组增加风机智能变频调节装置，根据末端负荷调整运行频率，降低运行能耗。

【能耗达标建议 13】新风机组增加风量自动调节装置

经现场踏勘发现，国网北京××供电公司××综合楼内部新风管道应设置风量自动调节装置，根据末端 CO_2 浓度自动调节新风量，降低新风机组能耗，以降低人均非供暖能耗指标。

五、电气分系统

【能耗达标建议 14】光伏并网发电系统

针对国网北京××供电公司××综合楼屋顶光伏发电系统方案，建议采用低压并网型发电系统。利用太阳能电池板转换成直流电能，再通过逆变器将直流电逆变成 50Hz 380V 交流电。逆变输出端通过配电柜与主楼建筑内的配电箱并联，对负载供电，提高末端照明用电的稳定性。

【能耗达标建议 15】增加室内环境监测装置

目前建筑不具备完善的室内环境监测系统，不能及时全面反映室温控制效果和室内负荷变化情况。室内环境参数和运行数据的缺失无法为运维人员制定运行策略提供依据。建议增设室内环境与运行数据采集系统，在室内典型区域布置环境参数传感器，通过准确的预测空调负荷，提供冷机运行策略输出依据。

【能耗达标建议 16】增加机房运行数据采集装置

机房内部不具备运行数据采集和监控系统，空调系统各设备的最优化节能控制需要建立空调系统运维数据，合理分配制冷机组、循环泵和冷却塔的负荷，进行逐时温度监测、反馈控制逐时测量等监控，对机房设备进行有智能监控是建立长期智能运维的重要环节，故在机房内布置建议传感器以监测暖通设备关键运行参数。

【能耗达标建议 17】照明设备节能改造

排查目前走廊内的光源、灯具及驱动电源等设备，对需进行维修的设备进行及时维修，无法进行维修的设备进行合理更换。更换设备建议选用节能产品，照明灯具应采用 LED 光源的节能、高效灯具。照明设备节能改造，建筑室内照度、统一眩光值，照明灯具的光效、显色指数、色温等指标应符合《建筑照明设计标准》（GB 50034—2013）的规定。选用的光源镇流器的能效不宜低于相应能效标准的节能评价值。在满足照明质量和视觉效果的要求下，采用高效节能实用的新光源、高效节能的灯用电器附件、高效优质的照明灯具（如高效优质反射灯罩等）。

【能耗达标建议 18】照明智能调节控制

采用合理的控制方式，合理分区域控制灯具，公共区域建议采用定时、光控、感应等节能控制方式，车库和走廊等长明灯区域建议采用分路控制，车库选用具有移动探测功能的灯具并辅助分路控制；小型办公室、设备间等照明采用就地开关控制，灯具的控制应采用小范围和与窗平行分组的方式；景观照明应设置多模式（平时照明、一般节日照明、重大节日照明等）自动控制系统。

【能耗达标建议 19】能耗分项数据增加远传计量表

通过建筑数据查询发现，本项目电力分项数据、用水数据、燃气数据仅采用人工抄表的方式，抄表周期和准确性受到人工工作影响，无法对短期的能耗数据进行及时分析，通过每月甚至每年的方式进行统计分析，能耗漏洞的出现不能及时发现和整改，造成能耗大量浪费。建议各能耗分项点增加具有远传功能的能耗计量表，对能耗原始数据进行及时采集，及时发现能耗使用漏洞，避免能耗损失。同时，建立有效的能耗计量方式也是建筑核算碳排放数据的前提。

【能耗达标建议 20】监测仪表修复

在前期现场踏勘中发现，部分设备安装有压力表、温度表和流量计量表，能耗数据管理安装有电能表、水表和燃气表。但由于运行维护不到位，部分仪表存在无法正常使用的现象，建议对重要仪表进行修复改造，保障系统的正常运行。

变压器能效值不应低于现行国家标准《电力变压器能效限定值及能效等级》（GB 20052—2020）中节能评价值的要求。

水泵、风机、电梯等动力设备配置的低压交流电动机应选用高能效的产品，其能效指标不应低于现行国家标准《电动机能效限定值及能效等级》（GB 18613—2020）中能效限定值的要求，有条件时宜按节能评价值选用。

六、电梯分系统

【能耗达标建议 21】采用高效电梯驱动主机

电梯驱动主机推荐选用无齿轮传动的永磁同步电动机，有齿传动的驱动主机应选择传动效率较高的传动形式。电梯调速方式应选用变压调速方式。

【能耗达标建议 22】分区分时电梯控制

根据电梯的数量、位置、额定速度、额定载荷以及人流量和使用频率，合理分配电梯的运行区域、停靠层站和运行时间。

【能耗达标建议 23】电梯并联及群控措施

两台位置相邻的电梯应使用并联控制方式。两台以上位置相邻的电梯，应使用群控控制方式，采用分散待机技术和电梯智能化实时交通控制技术。

【能耗达标建议 24】电梯待机节能措施

电梯应具备待机节能功能，待机时自动关闭变频器、自动关闭轿厢照明、自动关闭轿厢风扇。

【能耗达标建议 25】电梯其他节能措施

人流量较少的电梯可考虑取消自动返回基站功能。增加误指令消除功能、防止捣乱功能和预开门功能。

七、建筑智能化（含消防）分系统

【能耗达标建议 26】智慧能源管控系统

本项目能耗管理采用人工手动记录的方式，未建立有效的能耗管理平台，对于能耗数据的调取和查找存在困难，在碳排放核查方面，也存在能耗计量周期不准确等问题。建议建立智慧能源管控系统，在有效的能耗计量基础上，对能耗数据进行分类采集，分项分析，分时段展示，包括用能监测、能耗定额指标管理、能耗诊断和审计、碳排放管理、综合可视化等功能。通过建立智慧能源管控系统，及时把握建筑能耗数据变化，对能耗问题进行每日分析，避免出现能耗管理漏洞。同时，智慧能源管控系统通过储存能耗数据，建立能耗数据库，可随时进行导出和查看，作为建筑能耗审计和碳排放核算的重要依据。

【能耗达标建议 27】基于数字孪生的设备智慧控制系统

目前空调系统各设备启停仅通过人工手动控制的方式进行启停控制，通过传统人工经验操作机组的运行数据，冷水机组、循环泵、冷却塔和末端机组装置未设置联动控制装置，系统整体性较弱，整体智能化程度不高。在增加设备远程控制功能的基础上，配套设备智能管理系统以集中远程监测设备参数与控制设备运行。在空调系统管理方面，设备智能管理系统对空调设备进行集中监控，空调系统的自动控制功能包括：空调设备的自动启停、供水温度的自动调节、水泵频率的自控调节、末端空调机组新风机组的变频控制等。从空调系统的源—输配—末端整体出发，采用空调运维整体监控模式，增加智能控制，提高系统运行稳定。在照明系统管理方面，对照明系统进行集中监控，实现照明设备的远程启停、运行状态的远程监测。在给排水系统管理方面，对给排水系统进行运行参数和状态的自动监测和监控，实现给排水系统运行管理的智能化。

【能耗达标建议 28】建立碳排放监测体系

建筑碳排放是指建筑全生命周期内煤炭、石油、天然气等化石能耗燃烧活动产生的温室气体排放和使用外购的电力和热力等所导致的温室气体排放。建筑全生命周期包括建材生产运输、建筑施工、建筑运行和建筑拆除处置 4 个部分，根据 2018 年建筑行业全生命周期碳排放统计结果，建筑运行阶段占建筑全生命周期碳排放量的60%～80%，因此降低建筑碳排放量需要提高对建筑运行阶段的能耗管理能力，提高碳排放监测水平。

建筑运行阶段碳排放总量主要包括直接碳排放和间接碳排放两个部分。在进行实际碳排放监测时，考虑从直接碳排放和间接碳排放两个方面进行监测方案设计。

1. 直接碳排放监测

建筑直接碳排放主要是建筑运行周期内所消耗的天然气、汽油、柴油等化石燃料。结合国网北京××供电公司××综合楼的实际情况，涉及的直接碳排放源主要是天然气，天然气主要用于厨房燃气，根据生态环境局发布的《北京市重点碳排放单位二氧化碳核算和报告要求》计算化石燃料（天然气）碳排放量，公式为

$$碳排放量(K)=燃料热量(F)\times 排放因子(J) \tag{3-17}$$

$$燃料热量(F)=年消费量(C)\times 单位热值(D) \tag{3-18}$$

$$排放因子(J)=单位热值含碳量(G)\times 碳氧化率(H)\times 量比(I) \tag{3-19}$$

2. 间接碳排放监测

建筑间接碳排放主要是建筑运行周期内所消耗的电力和热力。结合国网北京××供电公司××综合楼的实际情况，间接碳排放源主要是电力和热力。根据生态环境局的相关要求，外购热力的碳排放仅列入核算边界和报告范围，不计入履约边界，在本项目中，外购热力采用按面积收费的方式，无热计量表，故在碳排放检测时暂不考虑。根据生态环境局发布的《北京市重点碳排放单位二氧化碳核算和报告要求》计算间接排放（电力）碳排放量。

以××××年为例计算国网北京××供电公司××综合楼的用电碳排放量：

××××年应计入碳排放核算的电力消耗为××××kW·h，电网供电排放因子取0.604tCO_2/（MW·h），可计算出本项目××××年用电所产生的碳排放为

$$E_{外购电}=5092.638\times 0.604=3075.95tCO_2$$

3.4.2　物业运行维护技术要求

【能耗达标建议 29】细分运行工况，调整运行策略

对每年的供冷季和供暖季划分运行工况，制定全年多工况运行策略。在现阶段建议可细分运行工况，如工作日（周一至周五）与非工作日（周六和周日）、白天与夜间等工况。细化各工况冷水机组、板换、水泵运行方案，根据室外天气

和室内测温情况分时段调节设备运行参数。综合考虑室外天气情况、不同时间段等因素确定供暖系统的运行时间、供水温度以及循环泵频率。

【能耗达标建议 30】空调系统（源—输配—末端）智能控制

目前空调系统各设备启停仅通过人工手动控制的方式进行启停控制，通过传统人工经验操作机组的运行数据，冷水机组、循环泵、冷却塔和末端机组装置未设置联动控制装置，系统整体性较弱，整体智能化程度不高。在增加设备远程控制功能的基础上，配套机房控制平台以集中远程监测设备参数与控制设备运行。从空调系统的源—输配—末端整体出发，采用空调运维整体监控模式，增加智能控制，提高系统运行稳定。加强供热采暖分系统及其设备设施的维护保养工作，保证设备处于高效性能区间。

【能耗达标建议 31】空调系统供出水温度管理

目前园区的空调系统仅按照供暖季和供冷季的工况区别，设置供回水温度。通过人工本地调节和常规经验运行的方式提前设定系统温度，温度控制不精确，存在出水温度过高等问题，导致能耗浪费。建议在空调系统中增加温度控制器，优化空调系统温度控制策略，对空调系统供水温度进行精细化调节。

【能耗达标建议 32】空调系统设备定期进行性能监测和维护

建议对楼内空调系统设备定期进行性能监测，监测内容包括水冷螺杆式冷水机组、空调水泵、空调水输配系统、末端输配系统等。冷水机组制冷性能系数（CoP）不应低于 4.47，空调水输配系统的流速、系统比摩阻应在合理范围内，输配系统的作用半径合理。风机盘管、新风机组、空调机组等设备应定期清洗，做好日常维护保养工作，保证设备换热效率和性能；空调通风分系统及其附属设备应有专业厂家进行维护和保养，保证用能设备处于高效状态。

【能耗达标建议 33】数据机房设备用电节能

应严格控制数据中心机房内除信息设备外的其他用电量，如照明可采用红外感应的控制方式降低照明能耗，空调设备的运行参数应设定合理，避免长时间低温运行，在过渡季和冬季，应优先采用室外低温空气，减少制冷设备的开启时间。

【能耗达标建议 34】提高数据机房用能监测

数据中心机房信息设备用电量和总电量，应按照《定额》管理要求，做好分项计量，排查数据中心机房能耗统计缺项和用电统计误差。加强对数据中心机房信息设备的日常运行维护保养工作，做好运行记录，记录内容应包括电功率、用电量等，以提高数据中心机房的能源使用效率，降低数据中心机房能耗指标。

【能耗达标建议 35】能耗分项计量

能耗分项统计管理作为建筑能耗管理的重要的组成部分，其对建筑能耗节能管理具有重大的意义。实施分项能耗统计管理可为进行建筑节能诊断和节能改造提供准确可靠的数据信息，通过进行分项的能耗统计，便于管理者了解园区内各设备系统的实际用能水平，便于物业管理人员直观的评价建筑用能分布的合理性。目前国网北京××供电公司××综合楼，没有配置完善的能耗分项计量系统，因此采用能耗拆分的方法对其进行分项能耗统计，依据现有现场线路使用情况进行能耗拆分，细分用电和用水末端分项，并将计量数据纳入楼控系统或逐日进行记录，便于后续能耗统计和分析能耗不达标原因。

在电能管理方面，除应满足《民用建筑节能条例》、国家地方规范标准、电网公司要求外，按照用电功能对暖通空调、照明插座、动力系统和其他用电分项进行计量，单独用电计量应包括但不限于服务器机房、网络机房、生产调度机房等数据中心机房用电、数据中心机房总电量和信息设备用电、电动汽车充电桩的用电、职工食堂后厨、餐厅等用电、分体空调用电、电热水器用电等。电量拆分示意如图 3-10 所示。

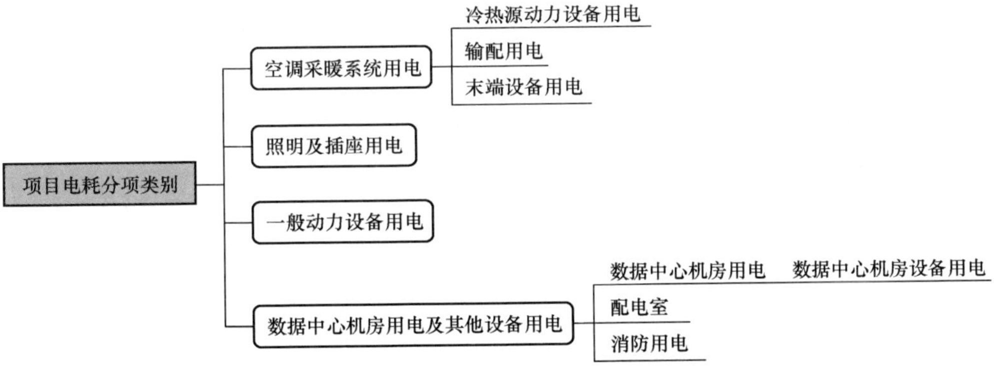

图 3-10　电量拆分示意

在用水管理方面，应设置房屋用水总量监测计量装置，并采用远传水表。国网北京××供电公司××综合楼园区给水按照使用用途不同，分别设置水表进行分区、分水质、分用途的计量。单独设置用水计量装置包括但不限于职工食堂的用水、生活用水、中央空调补水、消防补水、绿化用水等。用水拆分示意如图 3-11 所示。

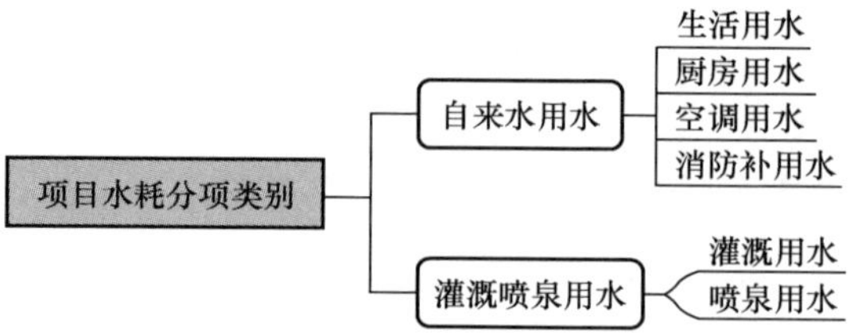

图 3-11　用水拆分示意

【能耗达标建议 36】 能耗分项数据增加远传功能

通过现场踏勘和建筑数据查询发现，本项目电力分项数据、用水数据、燃气数据仅采用人工抄表的方式，抄表周期和准确性受到人工工作影响，无法对短期的能耗数据进行及时分析，通过每月甚至每年的方式进行统计分析，能耗漏洞的出现不能及时发现和整改，造成能耗大量浪费。建议各能耗分项点增加具有远传功能的能耗计量表，对能耗原始数据进行及时采集，及时发现能耗使用漏洞，避免能耗损失。同时，建立有效的能耗计量方式也是建筑核算碳排放数据的前提。

【能耗达标建议 37】 定期进行能耗评估管理

根据国网能耗评估要求对综合楼的房屋性能分析、能源用量分析、能源资源分析、能源系统匹配分析及能源智慧管控等内容进行定期能耗评估管理，定期评估应分为综合评估和分项详细评估，对能源系统进行全面分析，形成评估分析报告。评估周期不应低于每月 1 次。

【能耗达标建议 38】 加强厨房和餐厅用能管理

职工食堂后厨、餐厅等用电量、用水量和燃气用量建议单独设置计量装置，定期对食堂后厨、餐厅用能情况进行评估，针对厨房、餐厅用能情况制定合理的能耗管理方案，合理控制厨房、餐厅的用能量。

3.4.3　物业能耗管理方案

【能耗达标建议 39】 建立管理机制，提升节能意识

针对国网北京××供电公司××综合楼的实际情况，完善能耗管理机制，建立能耗管理保障体系。在宣传方面，加强节约用水用电宣传工作，梳理节约用水用电意识，做到随手关灯，及时关水，避免长明灯等现象出现；在制度方面，建立节能监管机制，将节能计划落实到各部门和个人；在管理方面，提高能耗管理水平，进行必要的能耗管理培训等工作。

【能耗达标建议 40】加强建筑围护结构维护管理

建议加强墙体、外窗保温性能的日常巡查和维修工作，对存在墙面保温层破损、脱落，外窗关闭不严、严重漏风、保温隔热性能不满足要求等情况的，应及时进行维修和更换。

【能耗达标建议 41】加强空调末端系统管理

严格控制室内温度，冬季室内空调设定温度不得高于20℃，夏季室内空调设定温度不得低于26℃，严格控制空调设备的开启时间和运行参数，避免设备24h开启。

【能耗达标建议 42】合理调整生活热水供应时间

建议调整生活饮用水的电热水炉和卫生间小厨宝的使用时间，应根据工作时间和非工作时间分时段开启，避免24h运行。

【能耗达标建议 43】提高水系统设备健康度监测力度

加强给水设备、给水管网、消防设备设施、消防管网的日常巡查和维修工作，避免给水排水分系统设备和设施出现“跑冒滴漏”等情况导致水资源浪费；加强对给水设备、排水设备、消防设备的维护保养工作，保证设备工作性能正常，给水支管水压超过0.20MPa的管段设置减压阀，保证用水点压力不大于0.20MPa，避免因维护保养不到位导致的设备性能下降，从而导致能源浪费。

【能耗达标建议 44】合理调整巡视内容与运行数据记录范围

合理调整运维人员巡视内容，加强对能耗管理疏忽区域的监管力度，对重点区域巡视及时进行数据记录。加强设备运行记录工作，对设备运行时间和运行参数进行记录，用于分析能源使用合理性以及设备性。在时间维度上，从每日—每周—每月—每季度—每年进行分阶段记录能耗数据，统一数据记录周期，便于后期能耗管理分析工作；在空间维度上，分系统分设备依次进行记录，提高数据可信度和可靠度。

【能耗达标建议 45】全局系统优化评估

生产辅助房屋各系统改造项目完工稳定运行一年后，应进行项目后评估工作，评估内容应包括能耗测评和设备运行情况评估。对于特殊用能设备，如空调通风分系统及其附属设备，应有专业厂家进行维护和保养，保证用能设备处于高效状态。

【能耗达标建议 46】加强公务用车使用管理制度

建议加强公务用车的使用管理制度，减少非必要的用车次数，降低汽油和柴油用量，公务用车优先使用电动汽车，轿车型公务用车原则上全部购置电动汽车。用于日常办公功能的公务用车，其汽油和柴油的用量应分别进行统计和记录，统计周期不宜低于每月1次，用量记录应及时存档，方便查询。

3.4.4 定额指标保障方案

【能耗达标建议47】运维保障体系

考虑全年中不同的运行模式和运行工况，对国网北京××供电公司××综合楼各模式、各工况运行策略进行优化，生成全年多工况智能运维策略库，智能运行策略模型结合智能策略大数据生成算法，自动生成运行策略，与未来的设备自控系统自动对接，实现运行策略的自动推送，辅助物业运维同事进行设备运维，反向识别建筑实际运行策略的运行效果。智能策略算法根据反向识别的实际运行数据进行智能优化，通过优化运行策略，保障运行效果，持续降低能耗。

智能策略大数据生成算法将设备运行数据、室内环境数据、能耗数据、气象数据高度集成，以数字化的方式表达真实的物理世界，打破数据孤岛，结合物联网、边云协同、大数据分析以及人工智能算法等技术手段，实现后台的多维建筑数据采集、中台的数据分析、前台的运维效果可视化展示与运行策略的自动推送。

【能耗达标建议48】管理保障体系

能耗定额达标项目整体方案按照时间顺序和实施效果分阶段设计，为了量化各阶段指标完成情况，减少能耗管理漏洞，建议设置阶段性管理保障体系，确保各阶段目标的达成。从国网北京××供电公司××综合楼各阶段的能耗目标值出发，建立智能运维报告推送系统，该系统通过网页等形式，自动生成每日、每周、每月的运行报告，内容包括综合管理评价、环境舒适性评价、能源消耗评价、设备运行状态评价以及设备运行诊断5个核心内容。智能运维报告推送系统通过可视化图表的方式，直观表现国网北京××供电公司××综合楼园区的运行情况，用于阶段性能耗达标情况的评估依据，有效辅助后勤管理人员提供运行管理水平，确保持续降低能耗和运行费用。

【能耗达标建议49】能源监测保障体系

为了确保能耗定额达标目标的完成，实时量化能耗管理过程，针对国网北京××供电公司××综合楼提出管理保障方案。该方案通过建立智慧能源管控系统，与远传电能表、智能水表以及蒸汽末端计量装置对接，集成实时能耗数据，同时对改造增加的机房群控系统数据、室内环境监测数据、运行管理记录进行集成，实时处理数据量 1000 万条以上，可以实现在同一个平台上查看国网北京××供电公司××综合楼园区内的实时能源消耗量、机电设备运行状态、设备能耗使用量等。

智慧能源管控系统可以实现对集成数据的实时监测、数据存储、历史数据查看和导出等功能。同时通过内置的报警逻辑，可以实现异常运行状态的监测和报警，辅助后勤人员提高运行管理水平。平台内置数据储存功能，每年可生成超 10 亿条的大型建筑数据，便于后勤用电数据进行准确校核，为政府等部门对国网北京××供电公司××综合楼的碳排放资源核算提供可靠依据。智慧能源管控系统预留扩展模块，可以为节能改造后设备设施接入系统预留条件。

3.5　经济性分析

综合考虑改造的成本核算和长效机制后，将整体能耗达标方案按照分系统技改、日常运行维护、能耗管理及定额指标保障方案 4 个方面提出。结合设备系统现状和改造计划，对能耗达标方案各建议内容进行经济性分析，见表 3-21。

表 3-21　　方案经济性分析

编号	测算项目	投资/万元	收益/（万元/年）	备注
分系统技改优化方案				
5.1.1.1	屋顶光伏设计			
5.1.2.1	叠压供水系统			收益在其他项中体现
5.1.2.2	雨水回收系统			
5.1.2.3	卫生器具节水			
5.1.2.4	绿化灌溉节水			
5.1.3.1	合理调整供暖热源形式			收益在其他项中体现
5.1.3.2	采暖水泵智能变频			
5.1.3.3	供热管网设备维修和更换			收益在其他项中体现
5.1.4.1	空调循环泵水泵智能变频调节			
5.1.4.2	新风机组增加风量自动调节装置			
5.1.5.1	光伏并网发电系统			收益在其他项中体现
5.1.5.2	增加室内环境监测装置			收益在其他项中体现
5.1.5.3	增加机房运行数据采集装置			收益在其他项中体现
5.1.5.4	照明设备节能改造			收益在其他项中体现
5.1.5.5	照明智能调节控制			

续表

编号	测算项目	投资/万元	收益/（万元/年）	备注
分系统技改优化方案				
5.1.5.6	能耗分项数据增加远传计量表			收益在其他项中体现
5.1.5.7	监测仪表修复			
5.1.6.1	智慧能源管控系统			
5.1.6.2	基于数字孪生的设备智慧控制系统			
5.1.6.3	建立碳排放监测体系			收益在其他项中体现
日常运行维护技术要求方案				
5.2.1	细分运行工况，调整运行策略			
5.2.2	空调系统（源—输配—末端）智能控制			
5.2.3	空调系统供出水温度管理			
5.2.4	空调系统设备定期进行性能监测和维护			
5.2.5	数据机房设备用电节能			
5.2.6	提高数据机房用能监测			
5.2.7	能耗分项计量			收益在其他项中体现
5.2.8	能耗分项数据增加远传功能			
5.2.9	定期进行能耗评估管理			
5.2.10	加强厨房和餐厅用能管理			
能耗管理方案				
5.3.1	建立管理机制，提升节能意识			
5.3.2	加强建筑维护结构管理			
5.3.3	加强空调末端系统管理			
5.3.4	合理调整生活热水供应时间			
5.3.5	提高水系统设备健康度监测力度			
5.3.6	合理调整巡视内容与运行数据记录范围			
5.3.7	全局系统优化评估			
5.3.8	加强公务用车使用管理制度			
定额指标保障方案				
5.4.1	运维保障体系			
5.4.2	管理保障体系			
5.4.3	能源监测保障体系			
—	合计			

收益分析主要从能耗使用和管理节能两方面进行分析，其中在能耗使用方面，通过实施能耗达标建议有效降低能源使用量，用电费用预计降低约 49.1 万元/年［电费按照 1.2 元/（kW・h）计算］，用水费用预计降低约 23.3 万元/年（水费按照 9 元/m^3 计算），天然气费用预计降低约 2.0 万元/年（天然气费按照 4 元/m^3

计算），人工成本和管理费用预计降低约 35.0 万元/年。

3.6 项目预期效果

考虑项目的投资效果和节能收益情况，以××××年国网北京××供电公司××综合楼能源数据使用量为基准，分别对××条能耗达标建议进行项目投资节能量测算、定额能耗指标测算、管理效益及社会效益分析。通过各项能耗达标建议的实施，预期可实现国网北京××供电公司××综合楼全年用电量降低 20%以上，全年用水量降低 40%以上，6 项定额指标均能达到《定额》中各项基准值的要求；有效降低后勤管理的人工成本和能源使用成本，提升国网北京××供电公司的后勤管理水平，提高员工办公舒适度和幸福感，落实国家政策要求。

3.6.1 降低运行成本

基于本项目××××年能源用量，结合现场调研情况，对节能改造后的预期节能量进行测算，预期可以实现用电量降低约为××××kW・h，用水量降低××××m^3，天然气用量降低××××m^3。

根据《公共建筑能源审计导则》建筑能耗审计方法，将建筑总能耗划分为暖通空调系统能耗、照明系统能耗和其他系统能耗。通过对改造后的灯具功率、使用时间，计算节能量，根据使用时间、灯具数量、改造前后功率等参数计算出节能率。

灯具年用电量的计算公式为

$$D_{年电量}=\sum_{i=1}^{m}P_i\times n_i\times t_{i运行}\times\beta_i\div 1000 \tag{3-20}$$

式中 $D_{年电量}$——边界内单体建筑年用电量，kW・h；

P_i——第 i 种灯具单支电功率，W；

n_i——第 i 种灯具数量，个；

$t_{i运行}$——第 i 种灯具年运行时间，h；

β_i——第 i 种灯具照明使用率，取 1；

m——单体建筑照明灯具种类。

改造前后本建筑各用能分项节能量测算对比见表 3-22。

表 3-22　　各用能分项节能量测算对比

类型	××××年用电量/（kW·h）	测算节能量/（kW·h）	节能测算后用能量/（kW·h）
暖通空调系统	449760	184277	266363
照明系统	70009	24066	45943
其他系统	137267	102552	33835

照明系统开始时间按照工作日 8h 计算，暖通空调系统设备分类包括冷机、空调水泵、空调机组、冷却塔、风机盘管，原有制冷季空调冷水机组、空调水泵、空调机组、冷却塔设备开启时间以工作日 8h 运行，原有冬季空调循环泵开启增加变频装置之后，按照低中高频变频运行，以工作日 8h 运行时间运行，风机盘管根据人员实际使用情况开启，按照工作时间 8h 计算。各用能分项节能量如图 3-12 所示。

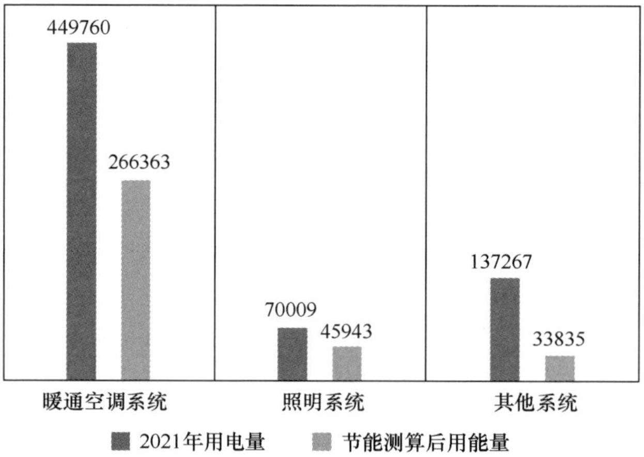

图 3-12　各用能分项节能量

方案各部分节能量测算见表 3-23。

表 3-23　　节 能 量 测 算

编号	测算项目	节电量/（kW·h）	节水量/m^3	节气量/m^3	备注
分系统技改优化方案					
5.1.1.1	屋顶光伏设计				
5.1.2.1	叠压供水系统				节能量在其他项中体现
5.1.2.2	雨水回收系统				
5.1.2.3	卫生器具节水				

续表

编号	测算项目	节电量 /（kW·h）	节水量 /m³	节气量 /m³	备注
	分系统技改优化方案				
5.1.2.4	绿化灌溉节水				
5.1.3.1	合理调整供暖热源形式				
5.1.3.2	采暖水泵智能变频				
5.1.3.3	供热管网设备维修和更换				
5.1.4.1	空调循环泵水泵智能变频调节				
5.1.4.2	新风机组增加风量自动调节装置				
5.1.5.1	光伏并网发电系统				节能量在其他项中体现
5.1.5.2	增加室内环境监测装置				节能量在其他项中体现
5.1.5.3	增加机房运行数据采集装置				节能量在其他项中体现
5.1.5.4	照明设备节能改造				节能量在其他项中体现
5.1.5.5	照明智能调节控制				
5.1.5.6	能耗分项数据增加远传计量表				节能量在其他项中体现
5.1.5.7	监测仪表修复				
5.1.6.1	智慧能源管控系统				
5.1.6.2	基于数字孪生的设备智慧控制系统				
5.1.6.3	建立碳排放监测体系				节能量在其他项中体现
	日常运行维护技术要求方案				
5.2.1	细分运行工况，调整运行策略				
5.2.2	空调系统（源—输配—末端）智能控制				
5.2.3	空调系统供出水温度管理				
5.2.4	空调系统设备定期进行性能监测和维护				
5.2.5	数据机房设备用电节能				
5.2.6	提高数据机房用能监测				
5.2.7	能耗分项计量				
5.2.8	能耗分项数据增加远传功能				
5.2.9	定期进行能耗评估管理				
5.2.10	加强厨房和餐厅用能管理				

续表

编号	测算项目	节电量/（kW·h）	节水量/m^3	节气量/m^3	备注
能耗管理方案					
5.3.1	建立管理机制，提升节能意识				
5.3.2	加强建筑维护结构管理				
5.3.3	加强空调末端系统管理				
5.3.4	合理调整生活热水供应时间				
5.3.5	提高水系统设备健康度监测力度				
5.3.6	合理调整巡视内容与运行数据记录范围				
5.3.7	全局系统优化评估				
5.3.8	加强公务用车使用管理制度				
定额指标保障方案					
5.4.1	运维保障体系				节能量在其他项中体现
5.4.2	管理保障体系				
5.4.3	能源监测保障体系				
—	合计				

3.6.2 定额能耗指标达标

通过对优化建筑内部设备的控制和管理，提高设备的能效比，将能耗达标方案中各项目节能量测算结果，与××××年用能情况进行对比分析，计算节能测算后的用能指标，定额要求的能耗指标基本可以达到基准值的要求。能耗用量测算对比见表 3-24。

表 3-24　　能耗用量测算对比

类别	用电量/（kW·h）	用水量/m^3	燃气量/m^3
××××年用能量			
数据中心机房测算用电量			
测算节能量（不含数据中心机房）			
节能测算后用能量（不含数据中心机房）			

注：由于本项目对数据中心机房未设置单独的用电计量表，无法计算数据中心机房用电量，数据中心机房测算用电量为数据中心机房安装电能表计量后测算监测到的用电量。

定额指标测算见表 3-25。

表 3-25　　定额指标测算

指标类型	测算值	基准值	是否达标
单位建筑面积非供暖能耗	6.9	9.78	达标
单位建筑面积电耗	35.0	58.75	达标
人均非供暖能耗	296.8	404	达标
人均电耗	1499.7	2025	达标
人均用水量	6.8	18	达标
数据中心机房能耗使用效率	1.1	1.8	达标

3.6.3　提升后勤管理水平

通过实施定额达标方案，可以有效提升国网北京××供电公司××综合楼后勤的能源管理水平。本项目定额达标方案以国网改造九大分系统出发，综合考虑“改造”和“管理”两个方面，在设备设施基础改造的同时，增加日常运行技术维护方案、能耗管理方案，定额指标保障方案，分别对围护结构分系统、给水排水分系统、空调通风分系统等部分进行改造，符合国网后勤技改要求。其中对于空调系统和照明系统的改造方案，不仅有效降低空调系统和照明系统的用电量和用水量，还结合了实际工程的用能特点，并充分考虑日常操作的方便性、系统维护等方面的实际特点，提高了后勤管理水平，加强后勤部门能源资源在建筑运营时期的管理，为国网北京公司既有建筑运营减少碳排放提供技术和管理支撑，实现对建筑运营各项数据有序管理，在降低人工成本和能源使用成本的同时，提升后勤管理效率和管理水平。

通过实施定额达标方案，增设室内环境监测装置，改善办公区域的照明情况，不仅有效降低了系统能耗，还改善了国网北京××供电公司××综合楼办公环境，提高办公舒适度，调高办公区域的照明质量，保障员工的身心健康，提高员工工作积极性和办公效率，提升办公生活的整体幸福感。

3.6.4　落实国家双碳政策

通过实施定额达标方案，实现国网北京××供电公司××综合楼各项能耗指标达标，完成落实国家电网“碳达峰、碳中和”行动方案和已建生产运营用房能耗水平 2030 年前达到《定额》基准值的要求，响应国家节能减排政策，履行社会责任。国网北京××供电公司定额能耗达标的实践经验可作为制定政策、完善制度和实施考评标准的重要依据，能很大程度提升国网后勤“双碳”工作的针对性、时效性。形成推动节约能源资源和保护环境的生产方式、生活方式，履行国企在碳达峰碳中和行动中的使命和社会责任。

3.7 项目实施安排

综合考虑改造的优先级别、成本核算、长效机制后，结合国网北京××供电公司××综合楼定额能耗指标超标情况，将整体改造计划分多个阶段提出，即前期改造阶段和后期改造阶段。

其中前期改造阶段主要根据项目节水目标和能源管理情况，选择4条能耗达标建议实施。前期改造阶段内容包括建立雨水回收系统、绿化灌溉节水、进行能耗分项计量增加远传计量表及新建智慧能源管控系统。

前期改造阶段测算总投资××××万元，预期可实现用电量降低约为××××kW·h，用水量降低××××m^3。前期改造阶段项目内容见表3-26。

表3-26　前期改造阶段项目内容

编号	测算项目	投资/万元	收益/（万元/年）	节电量/（kW·h）	节水量/m^3
5.1.2.2	雨水回收系统	××××	××××	××××	××××
5.1.2.4	绿化灌溉节水	××××	××××	××××	××××
5.1.5.6	能耗分项数据增加远传计量表	××××	××××	××××	××××
5.1.6.1	智慧能源管控系统	××××	××××	××××	××××
—	合计	××××	××××	××××	××××

前期改造预计每年可节约费用××××万元，其中用电费用预计降低约××××万元/年［电费按照1.2元/（kW·h）计算］，用水费用预计降低约××××万元/年（水费按照9元/m^3计算），人工成本和管理费用预计降低约××××万元/年。

3.8 结　语

本报告从建筑节能和建筑智能两个方向出发，依据《公共建筑节能设计标准》（GB 50189—2015）、《智能建筑设计标准》（GB 50314—2015）、《国家电网有限公司电网小型基建建设标准》（Q/GDW 11382）、《国家电网有限公司生产辅助技改大修项目技术规范》（Q/GDW 11562—2016）以及相关制度标准，按照国网北京××供电公司××综合楼的实际用能情况、设备情况、运维情况和管理情况提出49 条可落地实施的能耗达标建议。能耗达标建议覆盖建筑围护结构节能、设备节能、技术节能、循环利用和新能源应用等内容。

以××××年国网北京××供电公司××综合楼能源数据使用量为基准，考虑成本核算和节能长效机制后，分别对 49 条能耗达标建议进行项目投资收益经济性分析、节能量测算、定额能耗指标测算、管理效益及社会效益分析。分析结果显示，通过各项能耗达标建议的实施，可以有效降低国网北京××供电公司××综合楼的运行能耗，预期可实现全年用电量降低 20%以上，全年用水量降低40%以上。定额能耗指标测算结果显示，通过能耗达标建议的实施可实现国网北京××供电公司××综合楼的单位建筑面积非供暖能耗、单位建筑面积电耗、人均非供暖能耗、人均电耗和人均用水量等指标达到《定额》中各项基准值的要求。同时，通过优化建筑内部设备的控制和管理，可以有效降低后勤管理的人工成本和能源使用成本，提升国网北京××供电公司××综合楼后勤的能源管理水平，提高员工办公舒适度和幸福感。

能耗定额达标方案的提出和实施可有效促进国网北京××供电公司××综合楼能耗达标计划的完成，推进国网北京公司各建筑向绿色智能建筑迈进，有效提升能源资源利用效率，为国网既有建筑运营减少碳排放提供技术和管理支撑，为我国力争于 2030 年前碳排放达到峰值、2060 年前实现碳中和作出贡献。

附录 A

既有建筑能耗拆分技术方法

（1）当分属不同能耗节点的用能设备由同一支路供电时，应将实际支路电耗拆分成不同节点的电耗。支路能耗拆分及虚拟支路示意如图 A-1 所示。

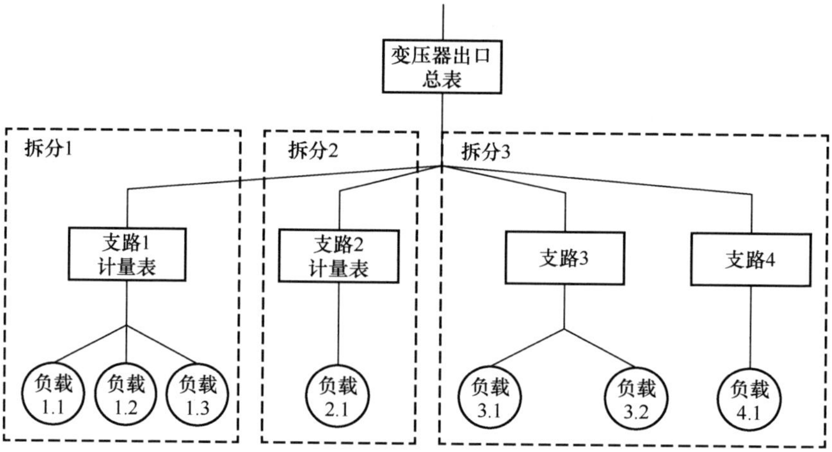

图 A-1　支路能耗拆分及虚拟支路示意

（2）能耗拆分应以建筑物的实际配电系统结构、各支路所辖设备的类型、数量、额定功率、运行模式、实测电耗等信息（以上内容简称支路信息）作为依据。

（3）完整的能耗拆分结果应包括拆分依据、拆分算法、各能耗节点的（逐时/累计）能耗期望估计值及（逐时/累计）不确定度等几部分。

（4）当支路的拓扑结构发生变化（如倒闸、互投）时，支路信息应作相应调整和记录，并以调整后的支路信息作为拆分依据。

（5）当支路所辖设备发生变化（如加装、拆除、更换、改变运行模式等）时，支路信息应作相应调整和记录，并以调整后的支路信息作为拆分依据。

（6）在计量方案设计阶段，应给出各节点的能耗拆分结果精度的预期及相关计算说明。

附录 B

分项用电计量表计设置的加法和减法原则

配电支路层次结构如图 B-1 所示，A1～A*m*、B1～B*n*、C1～C*k* 分别代表 A、B、C 3 种类型用电量相关的所有配电支路，支路数量分别为 *m*、*n*、*k*。

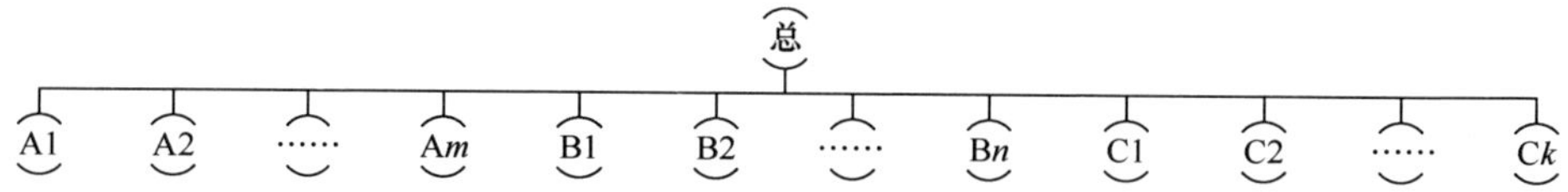

图 B-1　配电支路层次结构

如果目的是获得 A 类型用电量，有以下两种方法。

（1）加法原则。在 A1、A2、A*m* 各支路上安装电能表，并求和获得。

（2）减法原则。在总用电支路、B1、B2、B*n* 及 C1、C2、C*k* 各支路上安装电能表，在总用电中减去 B 类及 C 类用电量，即可获得 a 类能耗量。

若只为获得 A 类用电量，则按加法原则和减法原则设计方案的优劣可以通过装表总数多少来评价。

附录 C

生产辅助房屋及能源资源消耗统计表

生产辅助房屋及能源资源消耗统计表见表 C-1。

表 C-1　　　　生产辅助房屋及能源资源消耗统计表

类别	分项	单位	用量
房产信息	单位名称	—	
	房产编号	—	
	房产名称	—	
	房产地址	—	
	国网后勤智能保障平台建筑面积	m^2	
	实际建筑面积	m^2	
	对外出租面积	m^2	
	供暖面积	m^2	
	数据中心机房面积	m^2	
	房屋日均使用人数	p	
	房屋类型	—	
	房屋是否为空置	—	
	建成年份	—	
供暖资源消耗量统计	供暖形式	—	燃气自供暖/市政供暖按面积收费/市政供暖按热计量收费/电锅炉/空气源热泵/其他
	供暖天然气用量	m^3	
	供暖用热量	GJ	
	供暖热源用电量	kW·h	

续表

类别	分项	单位	用量
电力资源消耗量统计	房屋总用电量	kW·h	
	数据中心机房总用电量	kW·h	
	数据中心机房信息设备用电量	kW·h	
	交通工具用电量	kW·h	
	宿舍用电量	kW·h	
	食堂用电量	kW·h	
	其他用电量	kW·h	
其他资源消耗量统计	除供暖外的天然气用量	m^3	
	原煤用量	t	
	洗精煤用量	t	
	汽油用量	t	
	柴油用量	t	
	原油用量	t	
	除供暖外的热水用量	GJ	
	除供暖外的饱和蒸汽用量	GJ	
用水量统计	市政自来水用水量	m^3	
	自备井用水量	m^3	
	桶装饮用水用水量	m^3	
	其他用水量	m^3	
	灌溉用水量	m^3	
	洗车用水量	m^3	

注：1．供暖资源消耗量统计周期评价年份前一年 11 月 15 日至评价年份 3 月 15 日；

2．电力资源消耗量统计、其他资源消耗量统计和用水量统计周期为评价年份自然年。

附录 D

生产辅助房屋《定额》达标对比

生产辅助房屋《定额》达标对比见表 D-1。

表 D-1　　　　　　生产辅助房屋《定额》达标对比

定额指标		单位	计算值	约束值	基准值	引导值
单位供暖面积供暖能耗	燃气自供暖	kgce/ m^2		23.90	14.50	10.90
	集中供暖按热计量收费	kgce/m^2		17.50	10.60	8.90
单位建筑面积非供暖能耗		kgce/m^2		12.87	9.78	7.28
单位建筑面积电耗		kW•h/m^2		73.35	58.75	45.41
人均综合能耗	燃气自供暖	kgce/p		1358	916	603
	集中供暖按热计量收费	kgce/p		1167	779	510
人均非供暖能耗		kgce/p		649	404	258
人均电耗		kW•h/p		3057	2025	1035
人均用水量		m^3/p		25	18	10
数据中心机房能耗使用效率				2.0	1.8	1.6

注：1. 计算值为评价年份各项定额指标的计算结果；

2. 计算结果的数据来源为附录 C，计算过程及公式详见 3.2。